程序员学数据结构

Everyday Data Structures

[美] 威廉·史密斯（William Smith）著

崔敖 译

人民邮电出版社

北京

图书在版编目（CIP）数据

程序员学数据结构 / （美）威廉·史密斯
(William Smith) 著；崔敖译. -- 北京：人民邮电出
版社，2018.7
ISBN 978-7-115-48280-8

Ⅰ．①程… Ⅱ．①威… ②崔… Ⅲ．①数据结构
Ⅳ．①TP311.12

中国版本图书馆CIP数据核字(2018)第076807号

版 权 声 明

◆ 著　　　[美] 威廉·史密斯（William Smith）
　　译　　　崔 敖
　　责任编辑　武晓燕
　　责任印制　焦志炜

◆ 人民邮电出版社出版发行　北京市丰台区成寿寺路 11 号
　　邮编 100164　电子邮件 315@ptpress.com.cn
　　网址 http://www.ptpress.com.cn
　　固安县铭成印刷有限公司印刷

◆ 开本：800×1000　1/16
　　印张：19.25
　　字数：378 千字　　　　　　2018 年 7 月第 1 版
　　印数：1 – 2 400 册　　　　2018 年 7 月河北第 1 次印刷

著作权合同登记号　图字：01-2017-9347 号

定价：59.00 元

读者服务热线：**(010)81055410**　印装质量热线：**(010)81055316**
反盗版热线：**(010)81055315**

广告经营许可证：京东工商广登字 20170147 号

内容提要

　　本书由浅入深地详细讲解了计算机存储使用的多种数据结构。本书首先讲解了初级的数据结构（如表、栈、队列和堆等），具体包括它们的工作原理、功能实现以及典型的应用程序等；然后讨论了更高级的数据结构，如泛型集合、排序、搜索和递归等；最后介绍了如何在日常应用中使用这些数据结构。

　　本书通过实际案例向读者介绍了多种数据结构及其潜在应用，教会读者如何分析问题、选择合适的数据结构解决方案等。本书的一大特色是使用多种语言（C#、Java、Objective-C和 Swift）进行讲述。

　　本书适合初学编程或自学编程的人员以及计算机相关专业的教师和学生阅读，也非常适合程序员参考。

作者简介

William Smith 早年获得了环境科学与商务管理学位，在环境领域从事了数年的专业工作。他的软件开发经历始于 1988 年，并在从事环境领域工作时，始终将编程作为他的兴趣爱好，不断进行软件开发。后来他进入了马里兰大学深造，并获得了计算机科学学位。

William 现在是一名独立软件开发工程师和专业技术图书的作者。他成立了 Appsmiths 公司，该公司的主要业务是软件开发和咨询，致力于使用原生工具和跨平台工具（如 Xamarin 和 Monogame）来进行移动应用和游戏开发。

William 与他的夫人和孩子一起居住在西佛吉尼亚州的乡村，全家享受着打猎、钓鱼和露营带给他们的乐趣。

评阅人简介

Aditya Abhay Halabe 是 Springer Natrue 科技部门的一名全栈 Web 应用工程师。他的编程经验非常丰富，精通 Scala、Java、Graph 等语言，主要进行多种框架下的文档存储数据库工作和微型 Web 服务开发。他热衷于开发工作，并乐于接受技术上的新挑战和新职责。在这之前，Aditya 还作为顾问和开发工程师先后供职于 Oracle 和 John Deere Ltd。

前言

作为软件开发人员，在面对全新的任务和挑战时，我们常常会将这些问题分解为自己所熟知的各类解决方案和代码片段，并根据客户需求和任务截止日期（或称为发薪日），选出最快的方案进行开发。但是，这样做只是单纯地完成了工作要求，有时对于学到更多的开发技巧和理念从而成为一名更优秀、更高效的开发者的帮助并没有想象中的那么大。

本书涵盖了数据类型和数据结构的相关知识，能够帮助编程新手、胸怀抱负的开发人员或者是有一定经验却疲于奔命的程序员理清上述领域的基础概念。为此，本书会从常用的数据类型和数据结构开始，对它们的创建方式、工作原理、功能实现以及日常应用的适用范围等话题展开详细的介绍。通过本书，读者不仅能掌握更多的基础知识、编程技巧和开发能力，还能学到新的开发理念，从而进一步利用好这些基本的数据结构。

本书涵盖的内容

第 1 章"数据类型：基本的数据结构"概述了构成数据结构的基本数据类型。本章对基本数据类型做了快速回顾，某些读者甚至都已熟知了其中所讨论的部分内容。读者需要特别注意这些数据类型所适用的典型应用、最佳实现以及在不同开发平台上它们之间的区别。

第 2 章"数组：基本数据集"介绍了数组。本章将会对数组这种数据结构的具体细节、典型应用和它在不同开发语言中的区别展开详细讨论。本章是重要的基础性章节，后续讨论到的很多数据结构都是基于数组构建的。

第 3 章"列表：线性数据集"涵盖了列表数据结构的具体细节，包含列表的常用操作、典型应用以及它在不同开发语言中的区别。

第 4 章"栈：后入先出的数据集"介绍了栈这种数据结构。读者将会从本章学习到栈的具体细节，其中包括栈的常用操作、典型应用以及它在不同开发语言中的区别。

第 5 章 "队列：先入先出的数据集"介绍了队列数据结构的具体细节，包括队列的常用操作、典型应用以及它在不同开发语言中的区别。

第 6 章 "字典：关键字数据集"深入探讨了字典数据结构的具体细节，包括字典最常用的操作、典型应用以及它在不同开发语言中的区别。

第 7 章 "集合：不包含重复项的数据集"讨论了集合数据结构的具体细节，其中包括集合论的基础知识、集合的常用操作、典型应用以及它在不同开发语言中的区别。

第 8 章 "结构体：更为复杂的数据类型"探索了结构体的具体细节，包括结构体的常用操作、典型应用以及它在不同开发语言中的区别。

第 9 章 "树：非线性数据结构"介绍了抽象树结构，尤其是二叉树的具体细节，其中包括树结构的常用操作、典型应用以及它在不同开发语言中的区别。

第 10 章 "堆：有序树"深入探讨了堆数据结构的具体细节，包括堆的常用操作、典型应用以及它在不同开发语言中的区别。

第 11 章 "图：互相连接的对象"介绍了图这种数据结构的具体细节，包括图的常用操作、典型应用和它在不同开发语言中的区别。

第 12 章 "排序：为混乱带来秩序"是本书的高级章节，引出了排序的基本概念，重点介绍了一些常用的排序算法，其中还包括了这些排序算法的复杂度、典型应用以及它们在不同开发语言中的区别。

第 13 章 "查找：找你所需"同样是本书的高级章节，引出了在特定数据结构上进行查找操作的概念，重点介绍了一些常用的查找算法，其中还包括了这些查找算法的复杂度、典型应用以及它们在不同开发语言中的区别。

读者所需的准备工作

本书为使用 Mac、PC 甚至是 Linux 计算机的读者提供了丰富的代码示例。为了充分理解本书中的内容，读者需要具备一台现代计算机，以及一个在该计算机上正常运行的开发环境，如 Visual Studio、XCode、Eclipse 或 NetBeans 等，以便运行这些示例代码。

本书的目标读者

本书能够帮助读者提高他们在数据结构相关领域的编程知识和技巧。具体来说，本书的目标读者是初学编程或自学编程的人员，以及那些编程经验不满 4 年的开发人员。本书主要通过移动应用开发中最常用的 4 种编程语言来对书中的内容进行讲解，因此目标读者还包含那些对移动应用开发感兴趣的编程人员。本书的读者应具有基本的编程概念，能够创建控制台应用程序，并且能使用相关的集成开发环境（IDE）。

排版约定

本书的正文部分会根据内容使用不同的格式加以区分。以下是这些格式的示例和它们所代表的意义。

本书中的每章都会包含对应的案例学习或相似的代码示例，用以详细介绍特定数据结构的使用。因此，本书会含有很多示例代码。

示例代码段会以下列格式印刷：

```
public boolean isEmpty()
{
    return this._commandStack.empty();
}
```

需要重点关注的代码会用粗体进行标注：

```
func canAddUser(user: EDSUser) -> Bool
{
    if (_users.contains(user))
    {
        return false;
    } else {
        return true;
    }
}
```

新名词或**关键词**会以粗体印刷。可能出现在菜单或对话框中的语句会用以下字体表示，如 isFull() 等。

本书还会对算法涉及的数学概念进行讨论，会使用大 O 记号来标注所有的算法复杂度，如"然而，这只能算是一个很小的心理安慰，因为整个选择排序算法的复杂度为 $O(n^2)$"中所示。

 需要注意的内容将以这种格式呈现。

 提示和技巧将以这种格式呈现。

读者反馈

我们欢迎您对本书的反馈。若需对本书提出任何意见，请将您的反馈用电子邮件发送至 feedback@packtpub.com，并在邮件标题中标明本书的书名。我们将根据您的反馈进行评估。若您希望成为一名作者，愿意在您精通的领域发表著作，可以访问 Packt 官网获得更多信息。

客户支持

我们为每一位拥有 Packt 图书的读者都提供了相应服务。

下载示例代码

您可访问 Packt 官网下载本书所有的示例代码文件。若您在别的地方购买了本书，可访问 Packt 官网并进行注册，我们会通过电子邮件将这些示例代码文件发送给您。

您也可通过以下步骤下载本书的示例代码文件：

1. 在我们的网站上使用电子邮件地址注册或登录您的账户；
2. 将鼠标指针移动至网页顶端的 **SUPPORT** 标签上；
3. 单击 **Code Downloads & Errata**；
4. 在 **Search** 框中输入本书的书名；
5. 选出您所查找的书目；
6. 从下拉菜单中选择您在何处购买到本书的；
7. 单击 **Code Download**。

下载到了文件后，请您确保拥有以下解压缩软件的最新版本，以便文件得到正确解压：

- Windows 版 WinRAR / 7-Zip；
- Mac 版 Zipeg / iZip / UnRarX；
- Linux 版 7-Zip / PeaZip。

本书的示例代码文件也托管在 GitHub 中，您也可在异步社区（www.epubit.com）上下载。我们还在 GitHub 中托管了其他大量的图书和视频，欢迎查阅！

勘误

我们使用了各种手段，尽可能地保证本书内容的正确性，但事无绝对，书中可能还存在未发现的错误。若您发现书中内容或代码存在错误之处，请及时向我们反馈，我们会非常感谢您的帮助。您可访问 Packt 官网选中出错的图书，单击 **Errata Submission Form** 键按，输入错误的详细内容，来向我们报告这些错误。我们会对您提交的内容进行核实，若属实，我们进行对应的勘误，并将该内容添加至对应图书的勘误表中。

若要查看之前提交的勘误内容，可访问 Packt 官网在搜索框中输入对应的书名进行查看，相应的内容会出现在 **Errata** 中。

反盗版声明

互联网上的盗版问题是所有媒体都正面临的严峻问题。Packt 公司对待版权保护和授权工作的态度非常严肃。若您在互联网上遇到了我公司所有内容的非法复制品，无论该复制品是以何种方式进行呈现，我们都希望您能立即向我们提供展示该复制品的网站地址和网站名称，以便我们进行补救。

可将涉嫌盗版的材料通过 copyright@packtpub.com 发送给我们。

我们非常感谢您对作者和我们内容保护工作所提供的支持。

疑问

若您对本书有任何疑问，可通过 questions@packtpub.com 与我们取得联系，我们将尽可能地帮助您解决问题。

资源与支持

本书由异步社区出品，社区（https://www.epubit.com/）为您提供相关资源和后续服务。

配套资源

本书提供如下资源：

● 本书源代码。

要获得以上配套资源，请在异步社区本书页面中点击  ，跳转到下载界面，按提示进行操作即可。注意：为保证购书读者的权益，该操作会给出相关提示，要求输入提取码进行验证。

提交勘误

作者和编辑尽最大努力来确保书中内容的准确性，但难免会存在疏漏。欢迎您将发现的问题反馈给我们，帮助我们提升图书的质量。

当您发现错误时，请登录异步社区，按书名搜索，进入本书页面，点击"提交勘误"，输入勘误信息，点击"提交"按钮即可。本书的作者和编辑会对您提交的勘误进行审核，确认并接受后，您将获赠异步社区的 100 积分。积分可用于在异步社区兑换优惠券、样书或奖品。

扫码关注本书

扫描下方二维码，您将会在异步社区微信服务号中看到本书信息及相关的服务提示。

与我们联系

我们的联系邮箱是 contact@epubit.com.cn。

如果您对本书有任何疑问或建议，请您发邮件给我们，并请在邮件标题中注明本书书名，以便我们更高效地做出反馈。

如果您有兴趣出版图书、录制教学视频，或者参与图书翻译、技术审校等工作，可以发邮件给我们；有意出版图书的作者也可以到异步社区在线提交投稿（直接访问 www.epubit.com/selfpublish/submission 即可）。

如果您是学校、培训机构或企业，想批量购买本书或异步社区出版的其他图书，也可以发邮件给我们。

如果您在网上发现有针对异步社区出品图书的各种形式的盗版行为，包括对图书全部或部分内容的非授权传播，请您将怀疑有侵权行为的链接发邮件给我们。您的这一举动是对作者权益的保护，也是我们持续为您提供有价值的内容的动力之源。

关于异步社区和异步图书

"异步社区"是人民邮电出版社旗下 IT 专业图书社区，致力于出版精品 IT 技术图书和相关学习产品，为作译者提供优质出版服务。异步社区创办于 2015 年 8 月，提供大量精品 IT 技术图书和电子书，以及高品质技术文章和视频课程。更多详情请访问异步社区官网 https://www.epubit.com。

"异步图书"是由异步社区编辑团队策划出版的精品 IT 专业图书的品牌，依托于人民邮电出版社近 30 年的计算机图书出版积累和专业编辑团队，相关图书在封面上印有异步图书的 LOGO。异步图书的出版领域包括软件开发、大数据、AI、测试、前端、网络技术等。

异步社区

微信服务号

目录

第 1 章
数据类型：基本的数据结构

将数据类型称作基本的数据结构可能有些用词不当，但开发人员往往使用这些数据类型来构建他们自己的类和数据集，因此从他们的角度思考的话，这样的称呼也未尝不可。所以，在我们进一步学习数据结构之前，最好先快速地回顾一下数据类型，毕竟这些数据类型是本书内容的基础。本章旨在从全局角度回顾那些最常用和最重要的基础数据类型。如果你已经对这些基础概念有了较深刻的理解，可视情况略读或跳过本章。

本章将涵盖以下主要内容：

- 数值数据类型；
- 类型转换、缩限转换及扩展转换；
- 32 位和 64 位架构数据类型的区别；
- 布尔数据类型；
- 逻辑运算；
- 运算优先级；
- 嵌套运算；
- 短路求值；
- 字符串数据类型；
- 字符串的可变性。

1.1　数值数据类型

C#、Java、Objective-C 和 Swift 这 4 种语言中全部数值数据类型的详细说明都可以再写一本书了。这里，我们只回顾每种语言中最常用的数值数据类型标识符。评价这些数据类型最简单的方法是基于其实际数据大小用每个语言分别举例，并在同一个框架内来分析讨论。

看起来一样，实际却不一样！

当在多个移动平台上开发应用时，应当注意到不同的语言可能会共用同一个/套数据类型标识符或关键字，但从底层来看，这些标识符并不一定等价。同样地，同一种数据类型在不同的语言中也可能会有不同的标识符。以 16 位无符号整型（16-bit unsigned integer）为例，在 Objective-C 中它被称作 unsigned short 类型。但在 C#或 Swift 里，却分别用 ushort 类型和 UInt16 类型来表示。Java 规定 16 位无符号整型只能用作 char 类型，尽管这个类型通常不用于数值型数据。以上每一种数据类型都表示一个 16 位无符号整型，只是名称有所不同。这貌似问题不大，但当你分别使用每个平台的原生语言为多个设备进行应用开发时，为保证一致性，需注意到这种差别。否则，将会带来不同平台上出现特定错误/漏洞的风险，这将是非常难以检测和判断的。

1.1.1 整型

整型数据类型的定义为表示有符号（负值、零或正值）或无符号（零或正值）的整数。对于整型，每种语言都有其特定的标识符和关键字，因此按照存储长度来思考最为简便。为达到我们的目的，我们只讨论表示 8、16、32 和 64 位存储对象的整型。

8 位数据类型，或统称为**字节**（**byte**），是我们探讨的最小的数据类型。如果你复习过二进制数学，你会知道 1 个 8 位的内存块可表示 2^8 或 256 个值。有符号字节的可取值范围为-128～127 或 -2^7～2^7-1。无符号字节的可取值范围为 0～255 或 0～2^8-1。

除了一些特殊情况，16 位数据类型通常称为**短整型**（**short**）。这种数据类型可表示 2^{16} 个值。有符号短整型的可取值范围为 -2^{15}～2^{15}-1。无符号短整型的可取值范围为 0～2^{16}-1。

32 位数据类型一般被认为是整型，有些时候也会被认为是**长整型**（**long**）。整型可表示 2^{32} 个值。有符号整型的可取值范围为 -2^{31}～2^{31}-1。无符号整型的可取值范围为 0～2^{32}-1。

最后，64 位数据类型一般被认为是长整型，而 Objective-C 中规定其为**双长整型**（**long long**）。长整型可以表示 2^{64} 个值。有符号长整型的可取值范围为 -2^{63}～2^{63}-1。无符号长整型的可取值范围为 0～2^{64}-1。

需注意的是，以上所提到的取值在我们所使用的 4 种语言中是一致的，但在其他的语言中可能会有细微的变化。熟悉所用语言数值标识符的详细细节总是一个好主意，尤其是当你需要用到标识符规定极值的情况下。

C#

C#用整型来表示整数类型。它提供 byte 和 sbyte 两种机制来生成 8 位整型。这两种整型都能表示 256 个值，无符号的字节可取值范围为 0～255。有符号的字节对负值提供支持，因此取值范围为-128～127，具体代码如下。

```
// C#
sbyte minSbyte = -128;
byte maxByte = 255;
Console.WriteLine("minSbyte: {0}", minSbyte);
Console.WriteLine("maxByte: {0}", maxByte);

/*
  输出结果
  minSbyte: -128
  maxByte: 255
*/
```

有趣的是，对于更长位的标识符 C#改变了其命名模式。它用 u 作无符号（unsigned）的前缀，而不是使用 sbyte 中 s 作为有符号（signed）的前缀。因此 C#分别使用 short，ushort；int，uint；long，ulong 作为 16 位、32 位以及 64 位的整型标识符，其代码实现如下。

```
short minShort = -32768;
ushort maxUShort = 65535;
Console.WriteLine("minShort: {0}", minShort);
Console.WriteLine("maxUShort: {0}", maxUShort);

int minInt = -2147483648;
uint maxUint = 4294967295;
Console.WriteLine("minInt: {0}", minInt);
Console.WriteLine("maxUint: {0}", maxUint);

long minLong = -9223372036854775808;
```

```
ulong maxUlong = 18446744073709551615;
Console.WriteLine("minLong: {0}", minLong);
Console.WriteLine("maxUlong: {0}", maxUlong);

/*
  输出结果
  minShort: -32768
  maxUShort: 65535
  minInt: -2147483648
  maxUint: 4294967295
  minLong: -9223372036854775808
  maxUlong: 18446744073709551615
*/
```

Java

Java 将整型作为其原始数据类型的一部分。Java 只提供一种建立 8 位类型的方式, 即 byte。这是一个有符号的数据类型, 因此可表示-127~128 的取值。Java 还提供了名为 Byte 的包装类, 其不仅包装了原始值, 并对像 “42” 这些能够转换为数值的可解析字符串或文本提供了额外的构造函数支持。这种模式重复体现在 16 位、32 位和 64 位类型中。

```
//Java
byte myByte = -128;
byte bigByte = 127;

Byte minByte = new Byte(myByte);
Byte maxByte = new Byte("128");
System.out.println(minByte);
System.out.println(bigByte);
System.out.println(maxByte);

/*
  输出结果
  -128
  127
  127
*/
```

Java 和 C#共用了所有整型的标识符, 这意味着 Java 对 8 位、16 位、32 位和 64 位类型也提供了 byte、short、int 及 long 标识符。Java 中只有一个例外, 即提供了 16 位无符号数据类型的标识符 char。值得注意的是, char 类型通常只用作分配 ASCII 字符, 而不是实际的整数数值。

```
//Short Class
Short minShort = new Short(myShort);
Short maxShort = new Short("32767");
System.out.println(minShort);
System.out.println(bigShort);
System.out.println(maxShort);
int myInt = -2147483648;
int bigInt = 2147483647;

//Integer class
Integer minInt = new Integer(myInt);
Integer maxInt = new Integer("2147483647");
System.out.println(minInt);
System.out.println(bigInt);
System.out.println(maxInt);
long myLong = -9223372036854775808L;
long bigLong = 9223372036854775807L;

//Long class
Long minLong = new Long(myLong);
Long maxLong = new Long("9223372036854775807");
System.out.println(minLong);
System.out.println(bigLong);
System.out.println(maxLong);

/*
  输出结果
  -32768
  32767
  32767
  -2147483648
  2147483647
  2147483647
  -9223372036854775808
  9223372036854775807
  9223372036854775807
*/
```

在以上的代码中，须注意 int 类型和 Integer 类。不同于其他原始包装类，Integer 并不和其支持的标识符共用名称。

此外，注意 long 类型和其分配的数值。在每个例子中，这些值都有后缀 L。这是 Java

对 long 类型的要求，因为编译器将所有的数值文字默认翻译为 32 位整数。当需要明确说明字面数值是长于 32 位时，必须为其加上后缀 L。不然的话，编译器可能会报错。然而，当给 Long 类型构造函数传递字符串值时，则不受这种限制：

```
Long maxLong = new Long("9223372036854775807");
```

Objective-C

对于 8 位数据，Objective-C 提供了有符号和无符号两种格式的 char 类型。与其他语言相同，有符号的数据类型取值为–127～128，而无符号的类型取值为 0～255。开发人员还可以选择使用 Objective-C 的定宽整型 int8_t 和 uint8_t。这种模式重复体现在 16 位、32 位和 64 位类型中。最后，Objective-C 还以 NSNumber 类的形式对每种整型提供了面向对象的包装类。

char 或其他整型和其定宽整型有非常显著的区别。除了 char 类型总是为 1 字节长度以外，其他 Objective-C 中的整型长度会根据实现方式和底层架构的不同而改变。这是因为 Objective-C 是基于 C 语言的，而 C 语言被设计成能够在不同种类的底层架构上高效工作。尽管可以在运行和编译时就确定整型数据结构的确切长度，但在一般情况下，你只能确定的是 short <= int <= long <= long long。

这时定宽整型就派上用场了。在需要严格控制字节长度的情况下，(u)int<n>_t 整型可以让你精确定义出 8 位、16 位、32 位或 64 位长度的整数。

```
//Objective-C
char number = -127;
unsigned char uNumber = 255;
NSLog(@"Signed char number: %hhd", number);
NSLog(@"Unsigned char uNumber: %hhu", uNumber);
//固定宽度
int8_t fixedNumber8 = -127;
uint8_t fixedUNumber8 = 255;
NSLog(@"fixedNumber8: %hhd", fixedNumber8);
NSLog(@"fixedUNumber8: %hhu", fixedUNumber8);

NSNumber *charNumber = [NSNumber numberWithChar:number];
NSLog(@"Char charNumber: %@", [charNumber stringValue]);
```

```
/*
  输出结果
  Signed char number: -127
  Unsigned char uNumber: 255
  fixedNumber8: -127
  fixedUNumber8: 255
  Char charNumber: -127
*/
```

从上面的例子可以看出，当在代码中使用 char 类型时，必须指定标识符 unsigned，例如 unsigned char。signed 是 char 类型的默认标识符，可以省略，这也意味着 char 类型与 signed char 等价。Objective-C 中的其他整型也遵循这种模式。

Objective-C 中更大的整型包括用于 16 位的 short 类型，用于 32 位的 int 类型以及用于 64 位的 long long 类型。以上每种整型都依照 (u)int<n>_t 的模式有其定宽整型。NSNumber 对每种整型都提供了支持方法。

```
//更大的 Objective-C 整型
short aShort = -32768;
unsigned short anUnsignedShort = 65535;
NSLog(@"Signed short aShort: %hd", aShort);
NSLog(@"Unsigned short anUnsignedShort: %hu", anUnsignedShort);

int16_t fixedNumber16 = -32768;
uint16_t fixedUNumber16 = 65535;
NSLog(@"fixedNumber16: %hd", fixedNumber16);
NSLog(@"fixedUNumber16: %hu", fixedUNumber16);

NSNumber *shortNumber = [NSNumber numberWithShort:aShort];
NSLog(@"Short shortNumber: %@", [shortNumber stringValue]);

int anInt = -2147483648;
unsigned int anUnsignedInt = 4294967295;
NSLog(@"Signed Int anInt: %d", anInt);
NSLog(@"Unsigned Int anUnsignedInt: %u", anUnsignedInt);

int32_t fixedNumber32 = -2147483648;
uint32_t fixedUNumber32 = 4294967295;
NSLog(@"fixedNumber32: %d", fixedNumber32);
NSLog(@"fixedUNumber32: %u", fixedUNumber32);

NSNumber *intNumber = [NSNumber numberWithInt:anInt];
```

```
NSLog(@"Int intNumber: %@", [intNumber stringValue]);

long long aLongLong = -9223372036854775808;
unsigned long long anUnsignedLongLong = 18446744073709551615;
NSLog(@"Signed long long aLongLong: %lld", aLongLong);
NSLog(@"Unsigned long long anUnsignedLongLong: %llu",
anUnsignedLongLong);

int64_t fixedNumber64 = -9223372036854775808;
uint64_t fixedUNumber64 = 18446744073709551615;
NSLog(@"fixedNumber64: %lld", fixedNumber64);
NSLog(@"fixedUNumber64: %llu", fixedUNumber64);

NSNumber *longlongNumber = [NSNumber numberWithLongLong:aLongLong];
NSLog(@"Long long longlongNumber: %@", [longlongNumber stringValue]);

/*
  输出结果
  Signed short aShort: -32768
  Unsigned short anUnsignedShort: 65535
  fixedNumber16: -32768
  fixedUNumber16: 65535
  Short shortNumber: -32768
  Signed Int anInt: -2147483648
  Unsigned Int anUnsignedInt: 4294967295
  fixedNumber32: -2147483648
  fixedUNumber32: 4294967295
  Int intNumber: -2147483648
  Signed long long aLongLong: -9223372036854775808
  Unsigned long long anUnsignedLongLong: 18446744073709551615
  fixedNumber64: -9223372036854775808
  fixedUNumber64: 18446744073709551615
  Long long longlongNumber: -9223372036854775808
*/
```

Swift

Swift 语言和其他语言类似，对于有符号和无符号的整数提供了各自的标识符，如 Int8 和 UInt8。依据标识符名称来确定可应用的数据类型，这样的方式适用于 Swift 的每种整型，也使得 Swift 也许会成为最简单的语言。

```
//Swift
var int8 : Int8 = -127
var uint8 : UInt8 = 255
```

```
print("int8: \(int8)")
print("uint8: \(uint8)")

/*
  输出结果
  int8: -127
  uint8: 255
*/
```

为清晰地展示声明过程，上面的例子使用:Int8 和:UInt8 标识符明确地声明了数据类型。在 Swift 里，还可以不加这些标识符，让 Swift 在运行时动态地推断出数据类型。

```
//更大的 Swift 整型
var int16 : Int16 = -32768
var uint16 : UInt16 = 65535
print("int16: \(int16)")
print("uint16: \(uint16)")

var int32 : Int32 = -2147483648
var uint32 : UInt32 = 4294967295
print("int32: \(int32)")
print("uint32: \(uint32)")

var int64 : Int64 = -9223372036854775808
var uint64 : UInt64 = 18446744073709551615
print("int64: \(int64)")
print("uint64: \(uint64)")

/*
  输出结果
  int16: -32768
  uint16: 65535
  int32: -2147483648
  uint32: 4294967295
  int64: -9223372036854775808
  uint64: 18446744073709551615
*/
```

我为什么需要知道这些？你可能会问，我为什么需要知道数据类型的这些复杂细节？我难道不能只声明一个 int 对象或其他类似的东西后去写一些有趣的代码？现代计算机甚至是移动设备都能够提供近乎无穷的资源，所以这没什么大不了的，对吧？

事实并非如此。在你日常编程的经历中，大多数情况下随便使用哪一个数据类型可能都行。比如，遍历出任意一天西佛吉尼亚州全州车管部门签发的牌照列表，结果可能从几十个到上百个。你可以使用一个短整型变量或一个双长整型变量来控制 for 循环迭代。无论选用何种方式，这个循环为你的系统性能所带来的影响几乎可以忽略。

假设你在处理一组数据，这组数据中的每个离散结果都与 16 位类型匹配，而你习惯性地使用 32 位类型来处理，这会导致什么结果呢？这样做的结果会使处理这个数据集所需的内存空间翻倍。当离散结果只有 100 个或 100 000 个的时候，这样做可能并没什么不妥。但如果要处理的数据集很大，有百万个以及更多的离散结果的时候，这么做肯定会给系统性能带来非常大的影响。

1.1.2 单精度浮点类型

单精度浮点（**single precision floating point**）类型通常称为**单精度类型**（**float**），用 32 位浮点容器能够存储比整型更高精度的数值，通常有 6～7 位有效数字。多种语言使用 float 关键字/标识符来标记单精度浮点数值，本书所讨论的 4 种语言也是如此。

需要注意的是，由于浮点数值不能精确地表示以 10 为基的数字，因此其精度受限于归零误差。浮点类型的数值算法非常复杂，无论何时其中的细节都与大部分开发人员不太相关。然而，学习浮点类型可以加深对底层技术及每种语言实现细节的了解。

 由于我并不是这方面的专家，因此只简单了解一下这些类型背后的科学原理，并不涉及具体的数学算法。我在本章末尾的附加资料中列出了这个领域专家们的一些研究成果，强烈建议你们学习。

C#

C#使用 float 关键字标识 32 位浮点值。C#中 float 类型精度为 6 位有效数字，近似取值范围从-3.4×10^{38}～$+3.4\times10^{38}$：

```
//C#
float piFloat = 3.1415926535897932384626433832795f;
Console.WriteLine("piFloat: {0}", piFloat);

/*
   输出结果
   piFloat: 3.141593
*/
```

从上面的代码可以看出，使用 float 在赋值时有 f 作为后缀。这是因为 C#和其他基于 C 的语言一样，在处理赋值语句右边的小数数字时，默认其为**双精度型**（**double**，稍后讨论）。如果在赋值时不用 f 或 F 后缀，而直接将一个双精度浮点的数值赋给单精度浮点类型，则会产生编译错误。

此外，注意到最后一位的归零误差。我们将 30 位有效数字的圆周率赋值给 piFloat。但由于 float 只能保留 6 位有效数字，其后数字都会被约去。若直接对圆周率值保留 6 位有效数字，我们得到 3.141592，但由于归零误差，浮点数的实际值为 3.141593。

Java

与 C#相同，Java 使用 float 标识符确定浮点值。Java 中 float 类型精度为 6 或 7 位有效数字，近似取值范围为$-3.4 \times 10^{38} \sim +3.4 \times 10^{38}$：

```
//Java
float piFloat = 3.14159265358979323846264338327 9f;
System.out.println(piFloat);


/*
    输出结果
    3.1415927
*/
```

从上面的代码可以看出，浮点赋值操作有 f 后缀。这是因为 Java 和其他基于 C 的语言一样，在处理赋值语句右边的小数数字时，默认其为双精度型。如果在赋值时不加入 f 或 F 后缀，而直接将一个双精度浮点的数值赋给单精度浮点类型，则会产生编译错误。

Objective-C

Objective-C 使用 float 标识符确定浮点值。在 Objective-C 中，float 类型精度为 6 位有效数字，近似取值范围从$-3.4 \times 10^{38} \sim +3.4 \times 10^{38}$：

```
//Objective-C
float piFloat = 3.14159265358979323846264338327f;
NSLog(@"piFloat: %f", piFloat);

NSNumber *floatNumber = [NSNumber numberWithFloat:piFloat];
NSLog(@"floatNumber: %@", [floatNumber stringValue]);

/*
    输出结果
    piFloat: 3.141593
```

```
    floatNumber: 3.141593
*/
```

从上面的代码可以看出，浮点赋值操作有 f 后缀。这是因为 Objective-C 和其他基于 C 的语言一样，在处理赋值语句右边的小数数字时，默认其为双精度型。如果在赋值时不加入 f 或 F 后缀，而直接将一个双精度浮点的数值赋给单精度浮点类型，则会产生编译错误。

此外，注意到最后一位的归零误差。我们将 30 位有效数字的圆周率赋值给 piFloat。但由于 float 只能保留 6 位有效数字，其后数字都会被约去。若直接对圆周率值保留 6 位有效数字，我们得到 3.141592，但由于归零误差，浮点数的实际值为 3.141593。

Swift

Swift 使用 float 标识符确定浮点值。在 Swift 中，float 类型精度为 6 位有效数字，近似取值范围从 $-3.4 \times 10^{38} \sim +3.4 \times 10^{38}$：

```Swift
//Swift
var floatValue : Float = 3.14159265358979323846264383279
print("floatValue: \(floatValue)")


/*
    输出结果
    floatValue: 3.141593
*/
```

从上面的代码可以看出，浮点赋值操作有 f 后缀。这是因为 Swift 和其他基于 C 的语言一样，在处理赋值语句右边的实数数字时，默认其为双精度型。如果在赋值时不加入 f 或 F 后缀，而直接将一个双精度浮点的数值赋给单精度浮点类型，则会产生编译错误。

此外，注意到最后一位的归零误差。我们将 30 位有效数字的圆周率赋值给 floatValue。但由于 float 只能保留 6 位有效数字，其后数字都会被约去。若直接对圆周率值保留 6 位有效数字，我们得到 3.141 592，但由于归零误差，浮点数的实际值为 3.141 593。

1.1.3　双精度浮点类型

双精度浮点（**double precision floating point**）类型通常称为**双精度型**（**double**）。用 64 位浮点容器能够存储比整型更高精度的数值，该类型通常有 15 位有效数字。多种语言使用 double 关键字/标识符来标记双精度浮点数值，我们所讨论的 4 种语言也是如此。

在大多数情况下，无论选用 float 还是 double 都无关紧要，除非内存空间较为紧张，这时应该尽可能选择 float。很多人认为在多数情况下 float 比 double 更高效，一般来说，也确实是这样。但在一些情况下，double 会比 float 更高效。事实上，由于存在太多无法在这里详述的标准，每种类型的效率会因情况而异。因此，如果需要在特定应用中达到最高的效率，你需要仔细研究各种影响因素来选用最合适的类型。如果对效率并不是那么在意，那就任选一个合适的类型，接着干活。

C#

C#使用 double 关键字标识 64 位浮点数值。在 C#中，double 类型的精度为 14 或 15 位有效数字，近似取值范围从 $\pm5.0\times10^{-324}\sim\pm1.7\times10^{308}$：

```
//C#
double piDouble = 3.14159265358979323846264338327;
double wholeDouble = 3d;
Console.WriteLine("piDouble: {0}", piDouble);
Console.WriteLine("wholeDouble: {0}", wholeDouble);

/*
  输出结果
  piDouble: 3.14159265358979
  wholeDouble: 3
*/
```

从上面的代码可以看出，wholeDouble 变量的赋值操作加了 d 后缀。这是因为 C#和其他基于 C 的语言一样，在处理赋值语句右边的整数数字时，默认其为整型。如果在赋值时不加入 d 或 D 后缀，而试图直接将一个整型数值赋给双精度型，则会收到编译错误。

此外，注意到最后一位的归零误差。我们将 30 位有效数字的圆周率赋值给 piDouble。但 double 只能保留 14 位有效数字，其后数字都会被约去。若直接对圆周率值保留 15 位有效数字，我们得到 3.141 592 653 589 793，但由于归零误差，浮点数的实际值为 3.141 592 653 589 79。

Java

Java 使用 double 关键字标识 64 位浮点数值。在 Java 中，double 类型的精度为 15 或 16 位有效数字，近似取值范围为 $\pm4.9\times10^{-324}\sim\pm1.8\times10^{308}$：

```
double piDouble = 3.14159265358979323846264338327;
System.out.println(piDouble);

/*
   输出结果
   3.141592653589793
*/
```

查看上面的代码，注意到最后一位的归零误差。我们将 30 位有效数字的圆周率赋值给 piDouble。但 double 只能保留 15 位有效数字，其后数字都会被约去。若直接对圆周率值保留 15 位有效数字，我们得到 3.141 592 653 589 793 2，但由于归零误差，浮点数的实际值为 3.141 592 653 589 793。

Objective-C

Objective-C 也使用 double 标识符来确定 64 位浮点数值。在 Objective-C 中，double 类型的精度为 15 位有效数字，近似取值范围从 2.3×10^{-308} 到 1.7×10^{308}。为进一步提高精确性，Objective-C 还提供了一个更高精度版本的 double 类型，即**长双精度型（long double）**。long double 类型能够存储 80 位浮点数值，精度为 19 位有效数字，近似取值范围从 $3.4\times10^{-4932}\sim1.1\times10^{4932}$：

```
//Objective-C
double piDouble = 3.14159265358979323846264338327;
NSLog(@"piDouble: %.15f", piDouble);

NSNumber *doubleNumber = [NSNumber numberWithDouble:piDouble];
NSLog(@"doubleNumber: %@", [doubleNumber stringValue]);

/*
   输出结果
   piDouble: 3.141592653589793
   doubleNumber: 3.141592653589793
*/
```

查看上面的代码，注意到最后一位的归零误差。我们将 30 位有效数字的圆周率赋值给 piDouble。但 double 只能保留 15 位有效数字，其后数字都会被约去。若直接对圆周率值保留 15 位有效数字，我们得到 3.141 592 653 589 793 2，但由于归零误差，浮点数的实际值为 3.141 592 653 589 793。

Swift

Swift 使用 double 标识符来确定 64 位浮点数值。在 Swift 中，double 类型的精度为 15 位有效数字，近似取值范围从 2.3×10^{-308} 到 1.7×10^{308}。需注意的是，根据 Apple 公司的 Swift 文档，当 float 和 double 类型均能满足需求时，推荐使用 double 类型：

```Swift
//Swift
var doubleValue : Double = 3.14159265358979323846264338327950
print("doubleValue: \(doubleValue)")

/*
  输出结果
  doubleValue: 3.14159265358979
*/
```

查看上面的代码，注意最后一位的归零误差。我们将 30 位有效数字的圆周率赋值给 doubleValue。但由于 double 只能保留 15 位有效数字，其后数字都会被约去。若直接对圆周率值保留 15 位有效数字，我们得到 3.141 592 653 589 793，但由于归零误差，浮点数的实际值为 3.141 592 653 589 79。

1.1.4　货币类型

由于浮点运算事实上是基于二进制数学的，有着固有的不准确性，因此单精度和双精度浮点类型无法精确地表示我们使用的十进制货币。乍一看，将货币用单精度或双精度浮点类型表示或许是个好主意，因为它能够约去运算过程带来的细微误差。但是，当把这些本来就不怎么精确的结果再进行大量、复杂的运算后，误差会不断累积，造成严重的偏差和难以跟踪的错误。这使得单精度和双精度浮点类型无法用于对精确度要求近乎完美的十进制货币。幸运的是，对于货币和其他需要进行高精度十进制运算的数学问题，我们所讨论的这 4 种语言都提供了相应机制。

C#

C#使用 decimal 关键字来标识精确浮点值。在 C#中，decimal 的精度为 28 或 29 位有效数字，取值范围为 $\pm 1.0 \times 10^{-28} \sim \pm 7.9 \times 10^{28}$：

```
    var decimalValue =
NSDecimalNumber.init(string:"3.14159265358979323846264338327950")
```

```
print("decimalValue \(decimalValue)")

/*
    输出结果
    piDecimal: 3.1415926535897932384626433833
*/
```

上述代码中，我们将 30 位有效数字的圆周率赋值给 decimalValue，但它只保留了
28 位有效数字。

Java

Java 以 BigDecimal 类的形式对货币类问题提供了一种面向对象的方案：

```
BigDecimal piDecimal = new
BigDecimal("3.14159265358979323846264338279");
System.out.println(piDecimal);

/*
    输出结果
    3.14159265358979323846264338279
*/
```

在上述代码中，我们把十进制值以文本形式作为构造函数的参数来初始化 BigDecimal
类。程序运行结果表明 BigDecimal 类返回了 30 位有效数字，没有精度损失。

Objective-C

Objective-C 以 NSDecimalNumber 类的形式对货币类问题提供了一种面向对象的方案：

```
//Objective-C
NSDecimalNumber *piDecimalNumber = [[NSDecimalNumber alloc]
initWithDouble:3.14159265358979323846264338327];
NSLog(@"piDecimalNumber: %@", [piDecimalNumber stringValue]);

/*
    输出结果
    piDecimalNumber: 3.141592653589793792
*/
```

Swift

Swift 用与 Objective-C 中同名的类 NSDecimalNumber 对货币类问题提供了一种面向

对象的方案。这个类在 Swift 和 Objective-C 中的初始化操作有些区别，但功能并无二致。

```
var decimalValue =
NSDecimalNumber.init(string:"3.1415926535897932384626433383279")
print("decimalValue \(decimalValue)")

/*
  输出结果
  decimalValue 3.1415926535897932384626433383279
*/
```

注意，Objective-C 和 Swift 两例的输出结果都有 30 位有效数字，这说明 `NSDecimal Number` 类适用于处理货币及其他十进制数值。

> 透露一下，对于这些定制类型，还有一种简单的、可以说是更为优雅的替代方法。可使用 int 或 long 类型来进行货币计算，用分代替元来计数：
>
> ```
> //C# long total = 316;
> //$3.16
> ```

1.1.5 类型转换

在计算机科学领域中，**类型转换**（**type conversion** 或 **typecasting**）是指将对象或数据从一种类型转换到另一种类型。例如，你调用了一个返回类型为整型的方法，并需要将这个返回值作为另一个方法的传入参数，但第二个方法要求传入参数必须是长整型。由于整型数值在定义上存在于长整型所允许的数值范围之内，因此 `int` 值可以重定义为 `long` 类型。

通常，可通过隐式转换（**implicit conversion**）或显式转换（也叫强制类型转换, **explicit conversion**）进行类型转换。此外，我们还需要了解**静态类型语言**（**static languages**）和**动态类型语言**（**dynamic languages**）的区别，才能完全领会类型转换的意义。

1. 静态类型语言和动态类型语言

静态类型语言会在编译时进行**类型检查**（**type checking**）。这意味着当你试图生成解决方案时，编译器会检查和实施程序中所有数据类型的约束条件。如果检查失败，会停止生成并报错。C#、Java 以及 Swift 均是静态类型语言。

另一方面，动态类型语言会在执行时进行大多数甚至所有的类型检查。这意味着如果开发人员在编程时有所疏忽，程序或许在生成阶段一切正常，但在执行时可能会出错。

Objective-C 混用了静态和动态类型对象，它是一种动态类型语言。本章之前所讨论的用于存储数值型数据的纯 C 对象均为静态类型，而 Objective-C 中的 `NSNumber` 和 `NSDecimalNumber`类均为动态类型。思考下面的 Objective-C 代码示例：

```
double myDouble = @"chicken";
NSNumber *myNumber = @"salad";
```

编译器会对第一行代码报错，内容为"`Initializing 'double' with an expression of incompatible type 'NSString *'`"。这是因为 **double** 是一个纯 C 的静态类型。编译器甚至在生成之前就知道应该怎样处理这个静态类型，因此这段代码通不过检查。

然而，对于第二行代码，编译器只会发出内容为"`Incompatible pointer types initializing 'NSNumber *' with an expression of type 'NSString *'`"的警告。这是因为 Objective-C 的 `NSNumber` 类是一个动态类型。编译器很智能，能够发现错误，但仍然会允许进行生成（除非你在生成设置里指示过编译器将警告视为错误）。

> 显然，前面的例子在运行时会出现错误，但在有些情况下，即使存在警告，你的应用依然会正常运行。然而，无论你使用的是哪种语言，最好不断地清除掉已有的警告，再继续编程。这样有助于保持代码的整洁，并避免出现一些难以诊断的运行错误。
>
> 有时也许并不能及时地处理警告，这时应当清楚地记录下代码并说明警告源，以便其他开发人员了解来龙去脉。在万不得已的时候，可以利用宏和预处理器（预编译器）命令来一条条地忽略警告。

2. 隐式转换和显式转换

不需要在源代码中使用任何特殊语法的类型转换为**隐式转换**（**implicit casting**）。隐式转换较为方便。思考下面的 C#代码示例：

```
int a = 10;
double b = a++;
```

在上面的例子中，由于 a 既可以定义为 **int** 类型，也可以定义为 **double** 类型，且这两种类型都经过了人为定义，因此可以将 a 转换为 **double** 类型。然而，由于隐式转换并不一定要进行人为的类型定义，因此编译器不一定能完全判断类型转换所适用的约束条件，所以，直到程序运行前，编译器都无法进行类型转换检查。这样会使隐式转换存在一定的风险。思考下面的 C#代码示例：

```
double x = "54";
```

上面的例子并没有告诉编译器该如何处理字符串值，因此这是一个隐式转换。在这种情况下进行应用生成，编译器会针对这行代码报错，内容为"Cannot implicitly convert type 'string' to 'double'"。现在，思考同样例子的显式转换：

```
double x = double.Parse("42");
Console.WriteLine("40 + 2 = {0}", x);

/*
  输出结果
  40 + 2 = 42
*/
```

假设字符串是可解析的，上述类型转换即显式转换，因此是类型安全的。

3. 缩限转换和扩展转换

两种数据类型在进行类型转换时，转换结果是否在目标数据结构所允许的范围之内非常关键。如果源数据类型比目标数据类型所支持的字节数多，则这种类型转换为**缩限转换**（**narrowing conversion**）。

缩限转换不是什么情况下都能够进行，并且在转换过程中很可能会丢失信息。举例来说，将浮点类型转换为整型会丢失数据（损失精度），转换结果会被近似为与原始值最接近的整数。在绝大多数静态类型语言中，缩限转换是不能被隐式执行的。以本章之前出现过的单精度和双精度类型的 C#代码为例，将双精度缩限转换为单精度：

```
//C#
piFloat = piDouble;
```

在这个例子中，编译器会报错，内容为"Cannot implicitly convert type 'double' to 'float'. And explicit conversion exists (Are you missing a cast?)"。编译器发现了这个缩限转换，并将精度损失视作错误。错误信息建议我们使用显式转换来解决问题。

```
//C#
piFloat = (float)piDouble;
```

我们现在使用显式转换将 double 类型的 piDouble 转换为单精度型，编译器不会再因为精度损失而报错。

如果源数据类型比目标数据类型所支持的字节数少，则这种类型转换为**扩展转换**（**widening conversion**）。扩展转换会保留源类型的值，但可能会改变值的表示方法。大多数静态类型语言都允许隐式扩展转换。还是以前面的 C#代码为例：

```
//C#
piDouble = piFloat;
```

本例中，隐式转换不会引起编译器报错，应用也能正常生成。将这个例子进一步拓展：

```
//C#
piDouble = (double)piFloat;
```

上面的显式转换能提高代码的可靠性，但无论如何都不会改变这条语句的本质。即便这样会显得比较冗余，但不会引起编译器出错。除了提高可靠性之外，显式的扩展转换不会对程序造成其他额外的影响。因此，可根据个人喜好来选用隐式或显式的扩展转换。

1.2　布尔数据类型

布尔数据类型旨在符号化二进制数值，通常由 1 和 0，true 和 false，有时是 YES 和 NO 来表示。布尔类型用于表示基于布尔代数的真值逻辑。这里所说的布尔值是用在逻辑判断或条件循环中的条件语句，如 if、while。

等于运算包含能够比较两个实体值的任意一种运算。等于运算符有：

- == 等于；
- != 不等于。

关系运算包含能够测试两个实体关系的任意一种运算。关系运算符有：

- > 大于；
- >= 大于等于；
- < 小于；
- <= 小于等于。

逻辑运算包含程序中能够计算和控制布尔值的任意一种运算。一般有与（AND）、或（OR）和非（NOT）3 大逻辑运算符。此外，还有较不常用的**异或**（**exclusive or**，XOR）运算符。这 4 种基本运算符可用来构建所有布尔类型的函数和语句。

与运算符是最为互斥的比较器。给定两个布尔变量 A 和 B，当且仅当 A 和 B 均为 true 时，与运算才会返回 true。通常，我们会使用真值表这个工具来表示布尔变量。思考下面的与运算符真值表：

A	B	A^B
0	0	0
0	1	0
1	0	0
1	1	1

上表展示了与运算符。当在检查条件语句时，0 被作为 false，而非 0 值都会被作为 true。只有当 A 和 B 均为 true 时，A^B 的比较结果才为 true。

或运算符是包含运算符。给定两个布尔变量 A 和 B，A 和 B 有一个为 true，或两者都为 true 时，或运算就会返回 true。思考下面的或运算符真值表：

A	B	A v B
0	0	0
0	1	1
1	0	1
1	1	1

接下来为非运算符。当 A 为 ture 时，非 A 结果为 false；当 A 为 false 时，非 A 为 true。思考下面的非运算符真值表：

A	!A
0	1
1	0

最后介绍一下异或运算符。当 A 和 B 有一个为 true，且不全为 true 时，异或运算才会返回 true。换句话说，当 A 和 B 不同的时候，异或为 true。有时，使用这种方式来进行表达式判断会非常方便，因此大部分计算机架构都含有这种运算。思考下面的异或运算符真值表：

A	B	A XOR B
0	0	0
0	1	1
1	0	1
1	1	0

1.2.1 运算符优先级

如同算术运算一样，比较和布尔运算也有运算符优先级。这意味着从架构上来说，一种运算符会优先于另一种运算符。一般来说，所有语言的布尔运算优先级如下所示：

- 括号；
- 关系运算符；
- 等于运算符；
- 位运算符（未涉及）；
- 非运算符；
- 与运算符；
- 或运算符；
- 异或运算符；
- 三目运算符；
- 赋值运算符。

在使用布尔值时，懂得运算符的优先级是非常重要的。如果没搞懂系统是如何进行复杂逻辑计算的话，会使代码出现令人难以理解和处理的问题。如果在编程时有不确定的地方，可以像使用算术运算中的括号那样，将需要进行高优先级运算的对象放进括号里。

1.2.2 短路求值

上一节提到，当两个操作数均为 true 时，与运算返回 true；只要有一个操作数为 true，或运算就会返回 true。这种特性让我们能够仅通过检测一个操作数便可以得到整个表达式结果。程序在能够确定表达式整体结果时就立即终止求值过程，这就是**短路求值**（**short-circuiting**）。为什么需要在编程时采用短路求值？有 3 个主要原因。

第一，通过限制代码所需要的运算次数，短路求值能够提高程序的性能。第二，若前操作数可能会令后操作数产生潜在错误时，短路求值能够在运算到会带来更高风险的操作数之前，停止执行。第三，通过减少嵌套逻辑语句，短路求值能够提高代码的可读性和复杂性。

C#

C#使用 bool 关键字来作为 System.Boolean 的别名。bool 关键字用来存放 true 和 false 的值：

```
//C#
bool a = true;
```

```
bool b = false;
bool c = a;

Console.WriteLine("a: {0}", a);
Console.WriteLine("b: {0}", b);
Console.WriteLine("c: {0}", c);
Console.WriteLine("a AND b: {0}", a && b);
Console.WriteLine("a OR b: {0}", a || b);
Console.WriteLine("NOT a: {0}", !a);
Console.WriteLine("NOT b: {0}", !b);
Console.WriteLine("a XOR b: {0}", a ^ b);
Console.WriteLine("(c OR b) AND a: {0}", (c || b) && a);

/*
  输出结果
  a: True
  b: False
  c: True
  a AND b: False
  a OR b: True
  NOT a: False
  NOT b: True
  a XOR b: True
  (c OR b) AND a: True
*/
```

Java

Java 使用 `boolean` 关键字来表示其原生的布尔类型。Java 还为同样的原生布尔类型提供了一个 `Boolean` 包装类。

```
//Java
boolean a = true;
boolean b = false;
boolean c = a;

System.out.println("a: " + a);
System.out.println("b: " + b);
System.out.println("c: " + c);
System.out.println("a AND b: " + (a && b));
System.out.println("a OR b: " + (a || b));
System.out.println("NOT a: " + !a);
System.out.println("NOT b: " + !b);
```

```
System.out.println("a XOR b: " + (a ^ b));
System.out.println("(c OR b) AND a: " + ((c || b) && a));

/*
   输出结果
   a: true
   b: false
   c: true
   a AND b: false
   a OR b: true
   NOT a: false
   NOT b: true
   a XOR b: true
   (c OR b) AND a: true
*/
```

Objective-C

Objective-C 使用 BOOL 标识符来表示布尔值：

```
//Objective-C
BOOL a = YES;
BOOL b = NO;
BOOL c = a;

NSLog(@"a: %hhd", a);
NSLog(@"b: %hhd", b);
NSLog(@"c: %hhd", c);
NSLog(@"a AND b: %d", a && b);
NSLog(@"a OR b: %d", a || b);
NSLog(@"NOT a: %d", !a);
NSLog(@"NOT b: %d", !b);
NSLog(@"a XOR b: %d", a ^ b);
NSLog(@"(c OR b) AND a: %d", (c || b) && a);

/*
   输出结果
   a: 1
   b: 0
   c: 1
   a AND b: 0
   a OR b: 1
   NOT a: 0
```

```
    NOT b: 1
    a XOR b: 1
    (c OR b) AND a: 1
*/
```

 无独有偶，Objective-C 为 Boolean 类型提供了 5 个标识符和类，再一次说明了 Objective-C 比其他的语言更为复杂。这门语言为逻辑值提供了 5 个标识符和类。简单起见（编辑也不会给我更多篇幅），我们在这本书中只使用 BOOL。如果想了解更多内容，我鼓励你查阅本章末尾的附加资源。

Swift

Swift 使用 Bool 关键字标识其原始布尔类型：

```
//Swift
var a : Bool = true
var b : Bool = false
var c = a

print("a: \(a)")
print("b: \(b)")
print("c: \(c)")
print("a AND b: \(a && b)")
print("a OR b: \(a || b)")
print("NOT a: \(!a)")
print("NOT b: \(!b)")
print("a XOR b: \(a != b)")
print("(c OR b) AND a: \((c || b) && a)")

/*
  输出结果
  a: true
  b: false
  c: true
  a AND b: false
  a OR b: true
  NOT a: false
  NOT b: true
```

```
   a XOR b: true
  (c OR b) AND a: true
*/
```

在上面的例子里，布尔对象 c 并没有直接声明为 Bool，但其已隐含地归类为 Bool了。从 Swift 的角度而言，这里的数据类型是被推断出来的。此外，需要注意的是，Swift并没有提供一个特定的异或运算符，因此，你应该用(a!=b)的形式来进行异或运算。

Objective-C 的 nil 值

在 Objective-C 中，nil 值的结果也为 false。虽然对于其他语言来说，必须小心使用 NULL 对象，但当开发人员试图对 nil 对象进行计算时，Objective-C 并不会崩溃。曾经学过 C#或 Java 的开发人员，肯定会认为未处理的 NULL 对象会导致崩溃，从而对 Objective-C 的这种特点会感到有些困惑。然而，Objective-C 的开发人员却常常对这个特性加以利用。很多时候，简单测试下一个对象是不是为 nil，便能确认某个操作有没有被顺利执行，让人从编写冗长的逻辑比较式中得以解脱。

1.3　字符串

字符串不是严格意义上的数据类型，但作为开发人员，我们经常将字符串当作一种数据类型。事实上，字符串是值为文本的简单对象。在底层看来，字符串包含一个由只读 char对象组成的有序集。字符串对象的这种只读特性会令字符串具有**不可变性（immutable）**，这意味着，一旦字符串对象在内存中建立，便不能更改。

需要重点了解的是，不光是字符串，更改任何的不可变对象，实际上都意味着程序在内存中新建了一个对象，同时释放掉旧有的对象。相较于单纯更改内存地址中的值，更改不可变对象是种需要更多操作的密集运算。将两个字符串合并起来的操作称为**字符串连接（concatenation）**。这相当于在建立一个新的对象之前，需要将两个对象转移，是种代价更高的操作。如果程序频繁地修改字符串值或进行字符串连接，则程序的效率会降低。

在 C#、Java 和 Objective-C 中，字符串是严格不可变的。有意思的是，Swift 的文档指出其字符串是可变的。然而，Swift 的行为类似于 Java，当修改一个字符串时，这个字符串会被赋值为另一个对象。因此，即使文档表示其字符串可变，但实际却是不可变的。

C#

C#使用 `string` 关键字来声明字符串类型：

```C#
//C#
string one = "One String";
Console.WriteLine("One: {0}", one);

String two = "Two String";
Console.WriteLine("Two: {0}", two);

String red = "Red String";
Console.WriteLine("Red: {0}", red);

String blue = "Blue String";
Console.WriteLine("Blue: {0}", blue);

String purple = red + blue;
Console.WriteLine("Concatenation: {0}", purple);

purple = "Purple String";
Console.WriteLine("Whoops! Mutation: {0}", purple);
```

Java

Java 使用系统类 `String` 来声明字符串类型：

```Java
//Java
String one = "One String";
System.out.println("One: " + one);

String two = "Two String";
System.out.println("Two: " + two);

String red = "Red String";
System.out.println("Red: " + red);

String blue = "Blue String";
System.out.println("Blue: " + blue);

String purple = red + blue;
System.out.println("Concatenation: " + purple);
```

```
purple = "Purple String";
System.out.println("Whoops! Mutation: " + purple);
```

Objective-C

Objective-C 提供 NSString 类来创建字符串对象：

```
//Objective-C
NSString *one = @"One String";
NSLog(@"One: %@", one);

NSString *two = @"Two String";
NSLog(@"Two: %@", two);

NSString *red = @"Red String";
NSLog(@"Red: %@", red);

NSString *blue = @"Blue String";
NSLog(@"Blue: %@", blue);

NSString *purple = [[NSArray arrayWithObjects:red, blue, nil]
componentsJoinedByString:@""];
NSLog(@"Concatenation: %@", purple);

purple = @"Purple String";
NSLog(@"Whoops! Mutation: %@", purple);
```

在查看 Objective-C 的例子时，你也许会好奇为什么创建 purple 对象需要那么多额外的代码。这是因为 Objective-C 并不像其他 3 种语言那样提供了进行字符串连接的简易机制。因此，在这种情况下，我将两个字符串放到数组里并调用 NSArray 的 componentsJoinedByString:方法。我还可以使用 NSMultableString 类，它提供了连接字符串的方法。但是，由于在选定的 4 种语言里都没有讨论可变字符串类，因此我决定不使用这种方式。

Swift

Swift 提供 String 类来建立字符串对象：

```
//Swift
var one : String = "One String"
print("One: \(one)")

var two : String = "Two String"
```

```
print("Two: \(two)")

var red : String = "Red String"
print("Red: \(red)")

var blue : String = "Blue String"
print("Blue: \(blue)")

var purple : String = red + blue
print("Concatenation: \(purple)")

purple = "Purple String";
print("Whoops! Mutation: \(purple)")

/*
  每个例子的输出结果:
  One: One String
  Two: Two String
  Red: Red String
  Blue: Blue String
  Concatenation: Red StringBlue String
  Whoops! Mutation: Purple String
*/
```

1.4 小结

本章,我们学习了 4 种最常用的移动开发语言所提供的基本数据类型。从底层架构及语言规范角度学习了数值和浮点数据类型的特点和操作。我们还学习了将对象从一种类型转换到另一种类型的方法,以及根据转换中源类型和目标类型的大小不同如何进行扩展转换和缩限转换。接着,我们讨论了布尔类型、它在比较器中的应用以及它如何影响程序的流程和执行。其中,我们还讨论了运算符优先级和嵌套运算,学习了如何使用短路求值来提升代码性能。最后,我们还探讨了字符串类型以及可变对象的意义。

第 2 章
数组：基本数据集

很多时候，应用程序需要在运行时将多种用户数据或对象存进内存。一种方案是针对所需数据，分别在各个类中定义多个字段（属性）进行存储。遗憾的是，哪怕用于最简单的工作流，这种方案很快就会捉襟见肘：要么字段太多而无法处理，要么在编译阶段还无法预见到项目所有的动态需求。另一种方案是使用数组。数组是一种简单的数据集，实际上许多数据结构都是构建在数组之上的，因此它是日常编程中遇到的最为常用的数据结构之一。

数组是一种能够定量容纳特定类型数据项的容器。在 C 及其派生语言中，数组的大小在其创建之初便确定下来，且不再变化。数组中的每个数据项都称为一个**元素（element）**，每个元素都可通过其索引进行访问。一般而言，数组是一个数据项的合集，这些数据项可通过程序运行时所确立的索引进行选择。

本章将涵盖以下主要内容：

- 数组的定义；
- 可变数组与不可变数组；
- 数组的示例程序；
- 线性查找；
- 原始数组；
- 对象数组；
- 混合数组；
- 多维数组；
- 不规则数组。

值得注意的是，在绝大多数语言中，数组都是**零编号索引**（**zero-based index**），即数组中第一个项目的编号为0，第二个项目的编号为1，依此类推，如图2-1所示。当源代码试图访问的项目与实际所需要访问的项目编号差一时，会发生**差一错误**（**off-by-one error**）。初学者和编程老手一样，会经常犯这种错误，这通常是出现**索引超出范围**（**index is out of range**）或**索引超出边界**（**index is out of bounds**）运行时错误的原因。

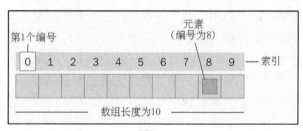

图2-1

编译时和运行时

编译型语言（反之为解释型语言）中，编译时和运行时的区别很简单，前者指程序的编译期，后者指程序的运行期。在编译期间，开发人员编写的高级语言源代码被输入到另一个程序（即编译器）中。编译器会检查源代码的语法是否正确，确认类型约束是否得到执行，优化代码并生成适用于目标架构的低级语言可执行程序。如果程序编译成功，说明源代码编写得当，生成的可执行程序也可以运行。需要注意的是，开发人员们有时会将编写源代码的时间也包含在编译时间里，尽管这样说在语义上并不正确。

在运行时期间，经过编译的代码在执行环境里运行，但仍有可能发生错误。例如，如果在源代码中并未处理好有关情况，则除以0、间接引用null内存指针、耗尽内存或试图访问不存在的资源等操作都可能会引起应用程序的崩溃。

2.1 可变数组与不可变数组

通常，基于 C 的语言都会有许多共通的基础特性。例如，在 C 语言中，普通数组的大小在其建立后就无法改变。由于我们所探讨的 4 种语言都是基于 C 的，因此所用到的数组也都是固定长度的。然而，在数组建立之后，虽然其大小无法改变，但内容是可以更改的。

如此看来，数组到底是可变的还是不可变的呢？从可变性角度来说，由于数组在建立后其结构不能发生改变，所以称普通数组是不可变的。基于上述原因，C 的普通数组通常仅适用于静态数据集，并不适用于其他情况。因为数据集一旦发生变化，程序需要将修改过的数据放入一个新的数组对象，并释放旧的数组，而这两个操作耗费资源都比较大。

高级语言中使用到的大多数数组对象都不是类似 C 的普通数组，而是为便于开发人员使用所创建的包装类。数组包装类封装了复杂的底层数据结构，为数据集内部的繁杂操作提供了方法支持，并提供了能够将数据集特性进行公开访问的属性。

无论何时，你都应该利用编程语言为特定数据类型和数据结构提供的包装类。与自己编写的实现相比，它会更加方便，可靠性也会更高。

案例学习：用户登录到一个 Web 服务

[业务问题] 开发人员创建了一个应用程序，能够使手机用户登录到特定的 Web 服务。由于服务器硬件的限制，任意时间内该 Web 服务只能允许 30 个用户连接。因此，开发人员需要跟踪和限制连接到该服务的手机用户数量。由于开发人员没办法区分每个连接的所有者，为避免相同用户重复登录给该服务造成太大压力，所以不能对连接数目进行简单计数。解决方案的核心是维护一个用于描述用户登录情况的对象数组。

C#

```csharp
using System;
//...
User[] _users;
public LoggedInUserArray ()
{
    User[] users = new User[0];
    _users = users;
}
```

在上面的例子中，有几个要点需要注意。首先，用私有类字段 _users 来存储 User 实例。然后，构造函数实例化了一个新的 User 对象数组。最后，实例化后的数组长度为 0，并赋值给了私有的支持字段。这是因为还没有任何用户分配到此数组，而对空值的跟踪将会使代码变得更加复杂。在实际情况中，可以将私有的支持字段在同一行语句中进行实例化和赋值操作：

```
_users = new User[0];
```

前面的例子较为详细，可读性也更好。然而，较精简的例子却不会占用过多篇幅。以上任何一种途径都是可行的。接下来，将介绍一个允许在数组中增加对象的方法：

```
bool CanAddUser(User user)
{
    bool containsUser = false;
    foreach (User u in _users)
    {
        if (user == u)
        {
            containsUser = true;
            break;
        }
    }

    if (containsUser)
    {
        return false;
    } else {
        if (_users.Length >= 30)
        {
            return false;
        } else {
            return true;
        }
    }
}
```

这里引入了一个可以进行**验证（Validation）**操作的私有方法。该方法的目的是确认当前向数组中增加用户的操作是否合法。首先，声明了一个名为 containUser 的 bool 变量，用此标记来表示数组中是否已经含有传入的 User 对象。然后，执行一个 for 循环，将数组中的每个元素与传入的 User 对象进行比对。如果比对成功，则设置 containUser 标志位为 true，并退出 for 循环以节约处理时间。如果 containUser 为 true，说明数组中已存在此用户对象，在数组中增加其副本会违反我们指定的业务规则。因此，方法会返回 false。如果数组中不存在这个用户对象，则继续执行后续代码。

接下来，通过检查数组的 Length 属性，来确定数组元素数目是否等于或超过 30。若等于或超过了 30，由于增加更多对象会违反业务规则，则方法返回 false。反之，返回 true 并执行后续程序：

```
public void UserAuthenticated(User user)
{
    if (this.CanAddUser(user))
    {
        Array.Resize(ref _users, _users.Length + 1);
        _users[_users.Length - 1] = user;
        Console.WriteLine("Length after adding user {0}: {1}", user.Id,
_users.Length);
    }
}
```

一旦用户通过登录验证，便会调用上述方法，只有此时才能将新用户增加到用户名单中。在该方法中，用 CanAddUser() 方法来对增加用户的操作进行验证。如果 CanAddUser() 返回 true，则会进一步执行该方法的后续代码。首先，使用 Array 包装类的 Resize() 方法使数组增加 1 个长度，以便于容纳要新增加的元素。然后，将新的 User 对象赋值给已扩容数组的最后一项。最后，再进行一些内部操作，将用户 ID 和 _users 数组的当前长度记录到控制台中。

```
public void UserLoggedOut(User user)
{
    int index = Array.IndexOf(_users, user);
    if (index > -1)
    {
        User[] newUsers = new User[_users.Length - 1];
        for (int i = 0, j = 0; i < newUsers.Length - 1; i++, j++)
        {
            if (i == index)
            {
                j++;
            }
            newUsers[i] = _users[j];
        }
        _users = newUsers;
    }
    else
```

```
    {
        Console.WriteLine("User {0} not found.", user.Id);
    }
    Console.WriteLine("Length after logging out user {0}: {1}",
user.Id, _users.Length);
}
```

当经过登录验证的用户从 Web 服务中注销以后，则会调用上面的方法。该方法使用数组包装类的 `IndexOf()` 方法来确定数组中是否已存在传入的 User 对象。当 `IndexOf()` 未在数组中找到匹配对象时，会返回-1，因此该方法需对 `i` 的值进行判断。若 `index` 的值为-1，将进行一些内部操作，以控制台消息的形式表明该用户 ID 目前尚未登录。否则，将开始进行下一个过程——从数组中删除一个对象。

从数组中删除一个对象的步骤如下。首先，会新建一个临时数组，该临时数组比原数组少一个元素。接着，从 0 开始循环到新数组的长度，用 `i` 来记录新数组中的位置，`j` 来记录原数组中的位置。若 `i` 等于需删除项目的位置，则 `j` 直接自增 1 以跳过原数组中的当前项。最后，将原数组中需保留的用户赋给新数组。一旦完成整个数组的循环，则将新的用户列表整个赋值给 `_users` 属性。在此之后，再进行一些简单的内部操作，将删除的用户 ID 和新的 `_users` 长度记录到控制台中。

Java

```
User[] _users;

public LoggedInUserArray()
{
    User[] users = new User[0];
    _users = users;
}
```

在上面的例子中，有几个要点需要注意。首先，用私有类字段 `_users` 来存储 User 实例。然后，构造函数实例化了一个新的 User 对象数组。最后，实例化后的数组长度为 0，并赋值给了私有的支持字段。这是因为还没有任何用户分配到此数组，而对空值的跟踪将会使代码变得更加复杂。在实际情况中，可以将私有的支持字段在同一行语句中进行实例化和赋值操作：

```
_users = new User[0];
```

前面的例子较为详细，可读性也更好。然而，较精简的例子却不会占用过多篇幅。如同 C#一样，以上任何一种途径都是可行的。

```
boolean CanAddUser(User user)
{
```

```
        boolean containsUser = false;
        for (User u : _users)
        {
            if (user.equals(u))
            {
                containsUser = true;
                break;
            }
        }

        if (containsUser)
        {
            return false;
        } else {
            if (_users.length >= 30)
            {
                return false;
            } else {
                return true;
            }
        }
    }
```

这里引入了一个可以进行验证操作的私有方法。该方法的目的是确认当前向数组中增加用户的操作是否合法。首先，声明了一个名叫 **containUser** 的 bool 变量。用此标记来表示数组中是否已经含有传入的 User 对象。然后，执行一个 for 循环，将数组中的每个元素与传入的 User 对象进行比对。如果比对成功，则置 containUser 标志位为 true，并退出 for 循环以节约处理时间。如果 containUser 为 true，说明数组中已存在此用户对象，在数组中增加其副本会违反我们指定的业务规则。因此，方法会返回 false。如果数组中不存在这个用户对象，则继续执行后续代码。

接下来，通过检查数组的 Length 属性来确定数组元素数目是否等于或超过 30。若等于或超过了 30，由于增加更多对象会违反业务规则，则方法返回 false；反之，则返回 true 并执行后续程序。

```
public void UserAuthenticated(User user)
{
    if (this.CanAddUser(user))
    {
        _users = Arrays.copyOf(_users, _users.length + 1);
        _users[_users.length - 1] = user;
        System.out.println("Length after adding user " + user.GetId() +
```

```
": " + _users.length);
    }
}
```

一旦用户通过登录验证，便会调用上述方法，只有此时才能将新用户增加到用户名单中。在该方法中，用 CanAddUser() 方法来对增加用户的操作进行验证。如果 CanAddUser() 返回 true，则会进一步执行该方法的后续代码。首先，使用 Arrays 包装类的 copyOf() 方法新建一个比原数组长度大 1 的新数组，以便于容纳要新增的元素。然后，将新的 User 对象赋值到已扩容数组的最后一项。最后，再进行一些内部操作，将用户 ID 和 _users 数组的当前长度记录到控制台中。

```java
public void UserLoggedOut(User user)
{
    int index = -1;
    int k = 0;
    for (User u : _users)
    {
        if (user == u)
        {
            index = k;
            break;
        }
        k++;
    }

    if (index == -1)
    {
        System.out.println("User " + user.GetId() + " not found.");
    }
    else
    {
        User[] newUsers = new User[_users.length - 1];
        for (int i = 0, j = 0; i < newUsers.length - 1; i++, j++)
        {
            if (i == index)
            {
                j++;
            }
            newUsers[i] = _users[j];
        }
        _users = newUsers;
    }
```

```
        System.out.println("Length after logging out user " + user.GetId()
    + ": " + _users.length);
    }
```

当 Web 服务注销经过登录验证的用户后，就会调用上面的方法。首先，循环遍历 _users 数组来定位与传入 User 对象相匹配的对象。若没有找到相匹配的对象，由于 index 的初值为 -1，则该值不会发生改变。该方法需对 index 的值进行判断。若 index 的值为 -1，将进行一些内部操作，以控制台消息的形式表明该用户 ID 目前尚未登录。否则，将开始进行下一个过程——从 _users 数组中删除一个对象。

首先，会新建一个临时数组，该临时数组比原数组少一个元素。接着，从 0 开始循环到新数组的长度，用 i 来记录新数组中的位置，j 来记录原数组中的位置。若 i 等于需删除项目的位置，则 j 直接自增 1 以跳过原数组中的当前项。最后，将原数组中需保留的用户赋给新数组。一旦整个数组的循环结束，则将新的用户列表整个赋值给 _users 属性。在此之后，再进行一些简单的内部操作，将删除的用户 ID 和新的 _users 长度记录到控制台中。

Objective-C

Objective-C 使用原始 C 数组，它与 C#及 Java 有很大区别，这主要是因为 Objective-C 并不提供直接使用原始类型的方法。但是，Objective-C 提供了 NSArray 包装类，我们将会在下面的例子中用到它：

```
@interface EDSLoggedInUserArray()
{
    NSArray *_users;
}


-(instancetype)init
{
    if (self = [super init])
    {
        _users = [NSArray array];
    }
    return self;
}
```

首先，Objective-C 的类接口对数组定义了一个 **ivar** 属性。然后，构造器使用便利构造器 [NSArray array] 实例化了 _users 对象：

```
-(BOOL)canAddUser:(EDSUser *)user
{
```

```
BOOL containsUser = [_users containsObject:user];

if (containsUser)
{
    return false;
}
else
{
    if ([_users count] >= 30)
    {
        return false;
    }
    else
    {
        return true;
    }
}
```

在 Objective-C 的例子中，canAddUser:方法也用于内部验证。该方法的目的是确认当前向数组中增加用户的操作是否合法。由于用到了 NSArray 类，因此可以访问 containUser:方法，该方法可以即时判断出 _users 数组中是否存在传入的 User 对象。不要被上述代码的简洁性所迷惑，因为在 NSArray 的内部实现中，containUser:方法如下所示：

```
BOOL containsUser = NO;
for (EDSUser *u in _users) {
    if (user.userId == u.userId)
    {
        containsUser = YES;
        break;
    }
}
```

上面的代码是不是看起来很眼熟？这是因为它在功能上几乎与前面 C#和 Java 的例子一样。containUser:方法在内部处理了很多操作，方便了我们的使用。与之前示例一样，如果数组中已存在传入的用户对象，在数组中增加其副本会违反我们指定的业务规则。因此，方法会返回 false。如果数组中不存在这个用户对象，则继续执行后续代码。

接下来，通过检查数组的 count 属性来确定数组元素数目是否等于或超过 30。若等于或超过了 30，由于增加更多对象会违反业务规则，则方法返回 false；反之，返回 true并执行后续程序：

```
-(void)userAuthenticated:(EDSUser *)user
{
    if ([self canAddUser:user])
    {
        _users = [_users arrayByAddingObject:user];
        NSLog(@"Length after adding user %lu: %lu", user.userId,
[_users count]);
    }
}
```

一旦用户通过登录验证，便会调用上述方法，只有此时才能将新用户增加到用户名单中。在该方法中，用 canAddUser: 方法来对增加用户的操作进行验证。如果 canAddUser: 返回 true，则会进一步执行该方法的后续代码。首先，使用 NSArray 类的 arrayByAdding Object: 方法新建一个包含新 User 对象的原数组副本。然后，再进行一些内部操作，将用户 ID 和 _users 数组的当前长度记录到控制台中。

```
-(void)userLoggedOut:(EDSUser *)user
{
    NSUInteger index = [_users indexOfObject:user];
    if (index == NSNotFound)
    {
        NSLog(@"User %lu not found.", user.userId);
    }
    else
    {
        NSArray *newUsers = [NSArray array];
        for (EDSUser *u in _users)
        {
            if (user != u)
            {
                newUsers = [newUsers arrayByAddingObject:u];
            }
        }
        _users = newUsers;
    }
    NSLog(@"Length after logging out user %lu: %lu", user.userId, [_users
count]);
}
```

当经过登录验证的用户从 Web 服务中注销以后，则会调用上面的方法。首先，使用 NSArray 类的 indexOfObject: 方法来得到与传入 User 对象相匹配的对象的编号。若没有找到相匹配的对象，该方法返回 NSNotFound，与 NSIntegerMax 等价。

该方法接下来会判断 index 的值是否等于 NSNotFound。如果等于，将进行一些内部操作，以控制台消息的形式表明该用户 ID 目前尚未登录。否则，将开始进行下一个过程——从_users 数组中删除一个对象。

不幸的是，NSArray 并不提供能够将对象从底层不可变数组中删除的方法，因此需要一些创造力来解决这个问题。首先，建立一个临时数组 newUsers，用来存放所有需要保留的 User 对象。接着，循环遍历整个_users 数组，检查其中的每个元素是否与要删除的 User 对象匹配。如果不匹配，则像登录验证时将新用户添加到_users 数组那样，将当前的对象添加到 newUsers 数组。如果匹配，便跳过当前 User 对象，这样会将其从最终的数组中有效地删除。可想而知，这个过程代价很大，如果可能的话，应该尽量避免这种模式。一旦完成循环，则将新的用户列表整个赋值给_users 属性。最后，再进行一些简单的内部操作，将删除的用户 ID 和新的_users 长度记录到控制台中。

Swift

在 Swift 中使用原始 C 数组的方式与在 C#或 Java 中非常相似。Swift 提供了 Array 类，代码示例如下：

```
var _users: Array = [EDSUser]()
```

我们只需一个类属性来支持用户数组。Swift 与 C#、Java 一样，是类型依赖的，因此在声明数组属性时还必须声明其类型。需要注意的是，Swift 初始化数组时要用下标运算符将类型名或对象类名括起来，而不是将运算符放在变量名之后。

```
func canAddUser(user: EDSUser) -> Bool
{
    if (_users.contains(user))
    {
        return false;
    }
    else
    {
        if (_users.count >= 30)
        {
            return false;
        }
        else
        {
            return true;
        }
```

```
    }
  }
```

canAddUser:方法用于进行内部验证。该方法的目的是确认当前向数组中增加用户的操作是否合法。首先，使用 Array.contains() 方法来判断数组中是否已经存在要增加的用户对象。如果数组中已存在传入的用户对象，在数组中增加其副本会违反我们指定的业务规则，因此，方法会返回 false。如果数组中不存在这个用户对象，则继续执行后续代码。

接下来，通过检查 _users 数组的 count 属性，来确定数组的所有元素数目是否等于或超过 30。若等于或超过了 30，由于增加更多对象会违反业务规则，则方法返回 false。反之，返回 true 并执行后续程序：

```
public func userAuthenticated(user: EDSUser)
{
    if (self.canAddUser(user))
    {
        _users.append(user)
    }
    print("Length after adding user \(user._userId): \
(_users.count)");
}
```

一旦用户通过登录验证，便会调用上述方法，只有此时才能将新用户增加到用户名单中。在该方法中，用 canAddUser() 方法来对增加用户的操作进行验证。如果 canAddUser() 返回为 true，则会进一步执行该方法的后续代码，使用 Array.append() 方法将用户添加到数组中。最后，再进行一些内部操作，将用户 ID 和 _users 数组的当前长度记录到控制台中。

```
public func userLoggedOut(user: EDSUser)
{
    if let index = _users.indexOf(user)
    {
        _users.removeAtIndex(index)
    }
    print("Length after logging out user \(user._userId):
\(_users.count)")
}
```

最后，在用户注销时将其从数组中移除。首先需确定数组中是否存在该对象，并得到其数组中的编号。Swift 允许同时进行 index 变量声明，检查数组中是否存在特定对象并为 index 赋值。如果检查结果为 true，则调用 Array.removeAtIndex() 将该 user

对象从数组中移除。最后，再进行一些简单的内部操作，将删除的用户 ID 和新的 _users 长度记录到控制台中。

关注点分离

在查看前面的例子时，你也许会好奇，一旦我们完成实验，之前添加过的那些 User 对象会怎样。这是一个好问题！如果你仔细观察的话，会发现数组中含有对象的例子中，我们并没有实例化或单独修改过任何一个 User 对象。而这样做是有意为之的。

在面向对象编程中，**关注点分离**（**separation of concerns**）这个概念规定计算机程序应该分解为多个不同的操作功能，这些功能的重叠程度要尽可能得小。举例来说，一个名为 LoggedInUserArray 的底层数组结构包装类，它只应进行数组层面的操作，而不影响到数组中的对象。在这种情况下，LoggedInUserArray 类不会关注其内部操作和 User 类对象的细节。

一旦 User 对象被移除出数组，该对象将继续参与程序运行。如果应用程序不保留对 User 对象的其他引用，则**一些垃圾回收**（**garbage collection**）机制会将这个 User 对象从内存中释放。不管怎样，LoggedInUserArray 类都不会负责进行垃圾回收，也不会去关注这些类型的细节。

2.2 高级话题

通过前面的学习，我们了解到数组在一般应用中是如何使用的，接下来我们将讨论一些数组方面的高级话题：查找方式以及数组存储对象基本类型的变化。

2.2.1 线性查找

查找（**searching**）和**排序**（**sorting**）是数据结构中不可回避的问题。如果无法对某种数据结构进行查找，则其中的数据毫无用处。如果无法对特定应用程序的数据集进行排序，则会很难管理这些数据。

对某个特定数据结构执行查找和排序操作所需遵循的步骤和流程称为**算法**（**algorithm**）。

在计算机科学领域，使用由 $f(n)=O(g(n))$ 导出的**大 O 符号**（**big O notation**）来评价算法的性能和复杂度。简言之，**大 O** 是用来描述在最坏条件下执行算法所需时间长短的专用术语。举例来说，如果已知所需查找对象在数组中的编号，则只需 1 次比较便可找到并取回这个对象。因此，最坏条件时这个操作需要执行 1 次比较，则此次查找的代价为 $O(1)$。

现在，先进行**线性查找**（**linear search**）的学习，随后再更详细地学习其他查找和排序算法。线性查找也称为**顺序查找**（**sequential search**），这是一种最简单且效率最低的数据集查找模式。迭代指不断重复地执行某个过程。使用线性查找时，程序会顺序地将对象数据集进行循环遍历，直到在该数据集中找到与查找条件相匹配的对象。对于含有 n 个项目的数据集，最好的情况是目标值与数据集中的第 1 个项目相等，即只需一次比较。在最坏的情况时，数据集中完全不存在与目标值相匹配的项目，则意味着需要进行 n 次比较。这说明线性查找的代价为 $O(n)$。前面的例子中，很多示例的查找代价都为 $O(n)$。

C#

以下是一个使用 C#实现线性查找算法的例子。不同的是这个例子用 for 循环重新组织了代码，这样可以更好地展示出 $O(n)$ 的概念：

```
for (int i = 0; i < _users.Count; i++)
{
    if (_users[i] == u)
    {
        containsUser = true;
        break;
    }
}
```

Java

以下是一个使用 Java 实现线性查找算法的例子。不同的是这个例子用 for 循环重新组织了代码，这样可以更好地展示出 $O(n)$ 的概念：

```
for (int i = 0; I < _users.size(); i++)
{
    if (_users[i].equals(u))
    {
        containsUser = true;
        break;
    }
}
```

Objective-C

以下是一个使用 Objective-C 实现线性查找算法的例子。不同的是这个例子用 `for` 循环重新组织了代码，这样可以更好地展示出 $O(n)$ 的概念：

```
for (int i = 1; i < [_users count]; i++)
{
    if (((User*)[_users objectAtIndex:i]).userId == u.userId)
    {
        containsUser = YES;
        break;
    }
}
```

Swift

Swift 的代码并没有包含线性查找的例子，但也可以这样，具体如下：

```
for i in 1..<_users.count
{
    //Perform comparison
}
```

2.2.2 原始数组

原始数组指的是只含有原始类型的简单数组。在 C#、Java 和 Swift 中，可以通过在原始类型上声明一个数组来建立原始数组。作为一个弱类型语言，Objective-C 不支持显式声明类型的数组。因此，Objective-C 不支持显式原始数组。

C#

```
int[] array = new int[10];
```

Java

```
int[] array = new int[10];
```

Objective-C

```
NSArray *array = [NSArray array];
```

Swift

```
var array: Array = [UInt]()
```

2.2.3　对象数组

对象数组指的是只包含特定对象实例的简单数组。在 C#、Java 和 Swift 中，可以通过在类上声明一个数组来建立对象数组。作为一个弱类型语言，Objective-C 不支持显式声明类型的数组。因此，Objective-C 不支持显式对象数组。

C#

```
Vehicle[] cars = new Vehicle[10];
```

Java

```
Vehicle[] cars = new Vehicle[10];
```

Objective-C

```
NSArray *array = [NSArray array];
```

Swift

```
var vehicle: Array = [Vehicle]()
```

2.2.4　混合数组

使用数组时，如果在某个数据类型上声明了这个数组，则这个数组的所有元素都应与这个数据类型相匹配。通常情况下，由于数组中的元素互相紧密联系且共享相似的属性值，因此这种约束是广泛适用的。但在其他情况下，数组中的元素互相联系得并不紧密，且没有相似的属性值。在这些时候，就非常需要在同一个数组中混合搭配不同的数据类型。C# 和 Java 对于这种需求的实现机制非常类似——声明当前数组为根类对象类型。由于 Objective-C 本身为弱类型语言，因此其数组默认为混合类型。Swift 提供了 AnyObject 类型，用于声明混合数组。

C#

```
Object[] data = new Object[10];
```

Java

```
Object[] data = new Object[10];
```

Objective-C

```
NSArray *data = [NSArray array];
```

Swift

```
var data: Array = [AnyObject]()
```

使用混合数组初看貌似会比较方便，但开发人员需要对类型检查负责。对于使用如 Objective-C 这样弱类型语言的开发人员来说，不必过多担心。但对于那些使用强类型语言的开发人员来说，就应当非常注意这个问题。

2.2.5 多维数组

多维数组指含有一个或多个附加数组的数组。这里讨论的 4 种语言都可以支持 1 维到 n 维的多维数组。然而，需要注意的是，当多维数组的维度大于 3 后，该数组将会变得非常难以管理。

从维度方面来看会有助于理解多维数组的概念。举例来说，一个 2 维数组中应有行和列，或 x 和 y 值。同理，一个 3 维数组中应该有 x、y、z 值。下面分别以 4 种语言对 2 维和 3 维数组举例。

C#

C#中使用[,]句法来创建多维数组。其中，每个"，"都表示数组中多出的维度。对应的 new 初始化器必须提供正确的数组尺寸参数，且参数个数要与定义相匹配，否则将不会编译代码。

```
//初始化
int[,] twoDArray = new int[5, 5];
int[, ,] threeDArray = new int[5, 6, 7];

//赋值
twoDArray[2,5] = 90;
threeDArray[0, 0, 4] = 18;

//取值
```

```
int x2y5 = twoDArray[2,5];
int x0y0z4 = threeDArray[0,0,4];
```

Java

Java 中使用[ ]的串接对句法来创建多维数组，每个[ ]表示数组中的一个维度。对应的 new 初始化器必须提供正确的数组尺寸参数，且括号个数要与定义相匹配，否则将不会编译代码。

```
//初始化
int[][] twoDArray = new int[5][5];
int[][][] threeDArray = new int[5][6][7];

//赋值
twoDArray[2][5] = 90;
threeDArray[0][0][4] = 18;

//取值
int x2y5 = twoDArray[2][5];
int x0y0z4 = threeDArray[0][0][4];
```

Objective-C

Objective-C 的 NSArray 类并不直接对多维数组提供支持。如果代码中需要使用多维数组，需使用 NSMutableArray 或普通 C 数组来实现，这两种方法都不在本章讨论的范围之内。

Swift

乍一看，Swift 中的多维数组可能会让你很迷惑，但你需要知道的是，建立多维数组实际上就是在数组中建立数组。Swift 中对多维数组的定义句法为[[Int]]，而初始化句法为[[1, 2], [3, 4]]，其中的数值用来给多维数组赋初值，可以是指定数据类型的任意值：

```
//初始化
var twoDArray: [[Int]] = [[1, 2], [3, 4]]
var threeDArray: [[[Int]]] = [[[1, 2, 3], [4, 5, 6], [7, 8, 9]], [[1,
2, 3], [4, 5, 6], [7, 8, 9]], [[1, 2, 3], [4, 5, 6], [7, 8, 9]]]

//赋值
twoDArray[0][1] = 90;
threeDArray[0][0][2] = 18;
```

```
//取值
var x0y1: Int = twoDArray[0][1];
var x0y0z2: Int = threeDArray[0][0][2];
```

2.2.6　不规则数组

多维数组中包含了多个不同大小的数组，则为不规则数组。只有在很罕见的情况下才会使用不规则数组，而不规则数组非常复杂且难以管理。C#、Java 和 Swift 均支持不规则数组。Objective-C 在使用 NSArray 类时并不支持多维数组，因此这个类也不支持不规则数组。如同多维数组一样，Objective-C 可以使用 NSMutableArray 和普通 C 数组来支持不规则数组。

2.3　小结

本章，我们学习了数组结构的基本定义，学习了数组在内存中怎样存放以及我们所讨论的这 4 种语言如何实现简单的 C 数组结构。接下来，我们讨论了可变数组与不可变数组的区别。通过案例学习，我们学习了如何使用这 4 种语言实现数组及其功能。其后，我们探讨了线性查找算法，引入了大 O 符号，并且通过简单迭代的例子学习了如何通过大 O 符号来衡量算法的效率和复杂度。然后，我们讨论了原始数组、对象数组和混合数组之间的区别。最后，我们探讨了多维数组和不规则数组。

需要注意的是，懂得何时使用数组非常重要。数组非常适合存放小列表的常量数据和不易变数据。如果需要经常性地修改数组中的数据，或经常性地给数组增加或删除对象，则需要使用别的数据结构，如下一章所要讨论的列表。

第 3 章
列表：线性数据集

上一章介绍了数组数据结构，它是本书后续研究的一系列数据结构的基础。虽然数组在处理静态数据集时性能较好，但代码示例说明了数组在很多应用情景下并不是那么灵活和高效——以至于从数据集中增加或删除元素的简单操作都会非常复杂且耗费资源。

从某种程度上看，列表是一种改良的数组。列表可定义为有限的、由称为元素的对象或数值构成的有序序列。空列表即没有任何元素的列表。列表的长度为该数据集中所有元素的总个数。列表中的第一项称为**表头（head）**，最后一项称为**表尾（tail）**。在长度为 1 的列表中，其头和尾为同一个对象。

 数组是一种具体的数据结构，而列表是数据结构的一种抽象概念，许多编程语言都对这种抽象概念提供了具体实现。本章的后续部分将会使用一个 Java 示例来更详细地说明这种区别。

顺序表（ordered list）不应与排序表（sorted list）相混淆，这是因为列表可以是已排序的，也可以是未排序的。顺序表指的是列表中的每个元素位置都经过了定义。已排序表中的对象之间都有一定关系，而未排序表中的对象之间没有明确的关系。例如，当我妻子在列购物清单时，她会根据超市里的布局来认真组织需要购买的商品。她在购物清单上列明了多种不同的商品，并根据这些货物在超市中的相对位置进行组合，这些货物之间的关系即空间关系（spatial relationship）。这便是一个已排序表。另一方面，我发现家里有些东西没有了，便找了张纸，随便列了一个购物清单。虽然我的购物清单上也有很多种类的货物，但这些项目并没有以任何特定方式加以组织，因此它们相互之间没有明确的关系。我的这张购物清单便是未排序表。

本章将涵盖以下主要内容：

- 列表的定义；
- 列表的初始化；
- 列表的示例应用程序；
- 列表的实现；
- 添加、插入和删除操作；
- 数组表；
- 链表；
- 双链表；
- 查找。

3.1　列表的实现

列表最常见的一种实现为数组表。一般而言，数组表仅仅是存储数组位置的连续表，每一项都有一个指向数组元素的指针。由于这种列表是基于数组的，因此其功能和性能都与数组非常相似。

如前面的例子所示，列表的另一种常用实现为**链表**（**linked list**）。链表也是一个由元素构成的序列。在大多数实现中，这些元素被称为**节点**（**node**）。链表中指针所指向的元素并不以数组结构存储，而是用内存中的指针来确定链表的第一个节点。然后链表中的每个节点都包含着指向后一项节点的指针。

最后，还有**双链表**（**doubly linked list**）。双链表中的每个节点，都含有指向表中前一项和后一项节点的指针。双链表能够轻易地进行双向遍历操作。头节点的前向指针和尾节点的后向指针均为空值。另一种方案是将头节点的前向指针指向表尾，而尾节点的后向指针指向表头，这样就将双链表变为了**循环链表**（**circular linked list**）。

双链表这个术语其实并不常用，但在 Java 和 C#中使用 LinkedList 类时，实际上就是在使用双链表。C# 和 Java 不提供**单链表**（**Singly Linked List**）类型，这是因为双链表不但能提供单链表的所有功能，还具有更多其他特性，因此一般用不到单链表。当然，如果为了学习目的，你可以很轻易地自行实现一个单链表。

典型情况下，这种结构的每个具体实现都会提供多种便利方法来支持在列表中添加元素、插入元素以及从列表中删除元素等操作。数组表和链表均提供基本的添加、插入和删除操作。然而，对于这两种数据结构的实现，这些操作的实现方式及与其相关联的代价会略有不同。本节并不讲解这些功能的现有方法，而是使用简单的例子来实现这些功能。

 与其他抽象数据结构的实现相同，当需要从自行实现的方法和开发框架所提供的方法中选择时，后者会更稳定、更可靠。

3.1.1 数组表

数组表（array based-list）的添加操作代价为 $O(1)$，仅需将表尾编号加 1 便可确定新元素的位置，如图 3-1 所示。

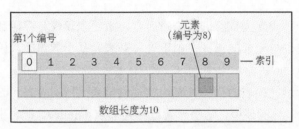

图 3-1

每当向数组表中插入一个元素时，为了能够容纳新添加的节点，都需要重新调整数组中已存在对象的位置。若欲将一个元素插入到列表中编号为 i 的位置，则需要把编号大于 i 的所有元素向表尾移动 1 个位置，这意味着若当前列表中已存在 n 个元素，则需要 $n-i$ 次移位才能完成这个插入操作。最坏的情况即向表头位置插入元素，这时的代价为 $O(n)$。由于评价算法效率时只考虑最坏的情况，因此插入操作的代价为 $O(n)$。

将列表中编号为 i 的元素删除，则需要将所有编号大于 i 的元素向表头移动 1 个位置，这意味着若当前列表中已存在 n 个元素，则需要 $n-i-1$ 次移位才能完成这个删除操作。最坏的情况即在表头位置删除元素，这时的代价为 $O(n)$。如图 3-2 所示，删除操作的代价为 $O(n)$。

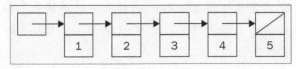

图 3-2

3.1.2 链表

和数组表一样，链表的添加操作代价为 $O(1)$。然而，链表的插入和删除操作代价也均为 $O(1)$。链表相较于数组表的关键优势之一为其可变性。不同于数组，链表是由一系列离散的对象组成的，这些离散对象之间凭借内存指针互相关联，因此插入和删除操作仅需要增加或修改这些指针即可。换句话说，链表能够非常高效地增长和缩短，以适应数据集中数据的动态增加和删除，如图 3-3 所示。

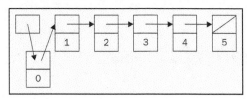

图 3-3

如果欲在 i 处插入一个元素，则需要将原指针 i-1->i 改为指向 i 处的新对象，并插入一个新的指针 i->i+1。类似地，欲删除 i 处的元素，则需要将指针 i-1->i 修改为 i-1->i+1。

3.2 列表的实例化

如同其他数据结构，列表在使用之前必须进行定义和实例化。本书所探讨的 4 种语言对列表的支持和实现方式都有所不同。下面将会介绍每种语言对列表的实例化过程。

C#

C#中进行表的实例化，需要用到 new 关键字。

```
//数组表
ArrayList myArrayList = new ArrayList();
List<string> myOtherArrayList = new List<string>();

//链表
LinkedList<string> myLinkedList = new LinkedList<string>();
```

C#的 `ArrayList` 类起源于 .NET 1.0，现在已不常使用。大多数开发人员更倾向于使用泛型类 `List<of T>` 来具体实现数组表。对于链表，也使用泛型类 `LinkedList<of T>` 来进行具体实现。而 C#中并不存在非泛型的链表数据结构。

Java

与 C#类似，在 Java 中进行列表的初始化需要用到 new 关键字。

```
//数组表
List<string> myArrayList = new ArrayList<string>();

//链表
LinkedList<string> myLinkedList = new LinkedList<string>();
```

Java 开发人员会使用泛型抽象类 List<E> 的一个具体实现来创建数组表。对于链表，也使用泛型抽象类 LinkedList<E> 来进行具体实现。而 Java 中并不存在非泛型的链表数据结构。

Objective-C

在 Objective-C 中创建列表的过程如下所示：

```
//数组表
NSArray *myArrayList = [NSArray array];

//链表
NSMutableArray *myLinkedList = [NSMutableArray array];
```

如果阅读过关于数组的内容，你可能较为在意上面的例子。事实上，这个例子并没有任何问题。在 Objective-C 中，与数组表最为接近的实现便是 NSArray 类，而与链表最为接近的实现便是 NSMutableArray 类。这是因为 NSArray 和 NSMutableArray 类被认为是**类簇**（**Class Cluster**）。类簇提供了真正意义上的抽象类公共 API。当对其中一个类进行初始化后，会得到对应数据结构的具体实现，并会针对所提供的数据进行适配。如果数据集的性质发生了变化，这些实现甚至可以在运行时进行相应的改变，这使得数组类的灵活性非常高。这也意味着在 Objective-C 和 Swift 中，只会使用 3 种抽象类来实现本书所讨论的多种数据结构。

Objective-C 中的类簇

类簇是一种基于**抽象工厂**（**abstract factory**）模式的设计模式，它返回一个遵循某种接口（C#/Java）或协议（Objective-C/Swift）的类型。这些类簇受 Foundation 开发框架的影响很大。

类簇是在一个抽象超类或 API 下具体分组的私有子类。相较于直接使用每一个子类，此公共 API 使用起来会更为简便。NSNumber、NSString、NSArray 和 NSDictionary 均为 Foundation 开发框架中类簇的例子。

Swift

最后，下面是在 Swift 中实例化一个列表的代码：

```
// 列表
var myArray = [string]()
var myOtherArray: Array<string> = [String]()
```

Swift 也对许多不同的抽象数据集使用类簇。对于列表，使用 `Array` 类，此类在默认情况下是泛型和可变的。这里通过简略和显式两种方式展示了 Swift 中对数组的声明过程。虽然这样显得有些冗长，但显式定义能够更清晰地说明 API 的泛型本质。

3.3 案例回顾：用户登录到一个 Web 服务

第 2 章创建了一个应用来跟踪登录到 Web 服务的用户，此应用使用数组来作为容纳 `User` 对象的底层数据结构。然而，我们可以使用列表代替原有的数据结构，以极大提高原来设计的性能。让我们来回顾一下这个案例，并将数组类替换为列表。你会发现在大多数情况下，这些源代码会变得更为简洁、可读性更高。

C#

在这个示例中，将 `User[ ]` 对象替换为 `List<User>` 对象。此例中，除了有 3 行代码值得注意以外，其他的大部分重构都很明显。首先，在 `CanAddUser()` 方法中，使用 `List<T>.Contains()` 方法和压缩逻辑循环，用两行代码替换了原来的 15 行代码。接下来，在 `UserAuthenticated()` 方法中，使用 `List<T>.Add()` 方法代替了对 `Array.Resize()` 的调用，且避免使用下标运算符给对象赋值这种容易出错的操作方式。最后，使用 `List<T>.Remove()` 方法替换了原来将近 20 行的复杂代码。这些简练的代码即可说明此包装类的强大和便利：

```
List<User> _users;
public LoggedInUserList()
{
    _users = new List<User>();
}

bool CanAddUser(User user)
{
    if (_users.Contains(user) || _users.Count >= 30)
    {
        return false;
```

```
    } else {
        return true;
    }
}

public void UserAuthenticated(User user)
{
    if (this.CanAddUser(user))
    {
        _users.Add(user);
    }
}

public void UserLoggedOut(User user)
{
    _users.Remove(user);
}
```

Java

在这个示例中，将 User[ ] 对象替换为 List<User> 对象。此例中，除了有 3 行代码值得注意以外，其他的大部分重构都很明显。首先，在 CanAddUser() 方法中，使用 List<E>.Contains() 方法和压缩逻辑循环，用 2 行代码替换了原来的 15 行代码。接下来，在 UserAuthenticated() 方法中，使用了 List<E>.Add() 方法替换了对 Array.Resize() 的调用，且避免了使用下标运算符给对象赋值这种容易出错的操作方式。最后，使用 List<E>.Remove() 方法替换了原来将近 20 行的复杂代码：

```
List<User> _users;
public LoggedInUserList()
{
    _users = new LinkedList<User>;
}

boolean CanAddUser(User user)
{
    if (_users.contains(user) || _users.size() >= 30)
    {
        return false;
    } else {
        return true;
    }
}
```

```
public void UserAuthenticated(User user)
{
    if (this.CanAddUser(user))
    {
        _users.add(user);
    }
}

public void UserLoggedOut(User user)
{
    _users.remove(user);
}
```

图 3-4 展示了当泛型类可用时使用它们的另一个好处。如图 3-4 所示，代码补全或智能感知功能会根据当前数据集的信息，向你推荐适合该数据的所有潜在数据类型。这可以保证代码所使用的对象和数据集的正确性，将你从耗时且令人烦躁的重复检查中拯救出来。

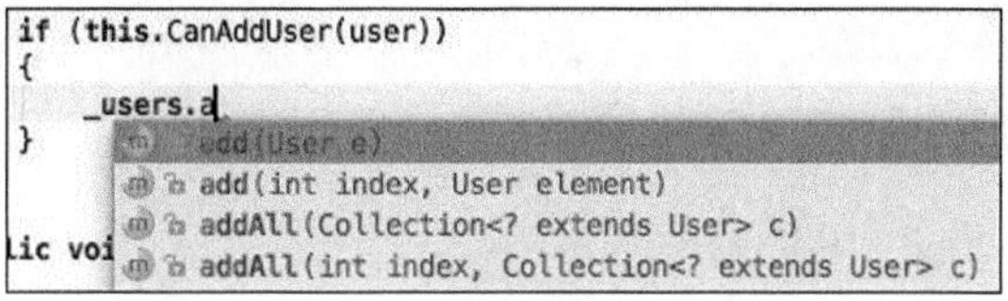

图 3-4

Objective-C

在这个示例中，将 NSArray _users 对象替换为 NSMutableArray _users 对象。此例中，除了一些代码合并和清理，真正的重构只有一项。在 userLoggedOut:中，使用 NSMutableArray removeObject:方法替换了原来的、包含编号检查、循环和对象合并等将近 20 行的复杂代码：

```
@interface EDSLoggedInUserList()
{
    NSMutableArray *_users;
}
-(instancetype)init
{
    if (self = [super init])
    {
        _users = [NSMutableArray array];
    }
    return self;
}
```

```objc
-(BOOL)canAddUser:(EDSUser *)user
{
    if ([_users containsObject:user] || [_users count] >= 30)
    {
        return false;
    } else {
        return true;
    }
}

-(void)userAuthenticated:(EDSUser *)user
{
    if ([self canAddUser:user])
    {
        [_users addObject:user];
    }
}

-(void)userLoggedOut:(EDSUser *)user
{
    [_users removeObject:user];
}
```

Swift

将下面的代码和原来的代码仔细比较，你会发现它们实际上是相同的！这是因为 Swift 中的 Array 本来就是可变的，并且支持泛型，且 Swift 可使用开箱即用的代码产生输出，因此原来的 LoggedInUserArray 类本就以类似链表的方式在运行。当然也可以在 Swift 中建立自己的链表实现，但这只在很特殊的情况下才有必要。

```swift
var _users: Array = [User]()
init() { }

func canAddUser(user: User) -> Bool
{
    if (_users.contains(user) || _users.count >= 30)
    {
        return false;
    } else {
        return true;
    }
```

```
}

public func userAuthenticated(user: User)
{
    if (self.canAddUser(user))
    {
        _users.append(user)
    }
}

public func userLoggedOut(user: User)
{
    if let index = _users.indexOf(user)
    {
        _users.removeAtIndex(index)
    }
}
```

 这些使用列表的变体进行重构的例子不仅较为合理，而且还比使用数组的效率更高。基于上述两点原因，这个应用应优先使用列表来作为其数据结构。

3.3.1　泛型

注意 C#例子中的 List<T>.Contains()方法和 Java 例子中的 List<E>.Add()方法。这些方法是泛型类的一部分。在计算机科学领域，泛型允许在类声明和方法调用之前，不需要指定数据类型便可进行这些类或方法的定义。举例来说，假设某方法的功能是将两个数值相加。为了能将这个方法使用在不同的数据类型上，则需对 Add()创建多个重载：

```
//C#
public int Add(int a, int b)
public double Add(double a, double b)
public float Add(float a, float b)
```

泛型允许创建单个的专为所调用数据类型而定制的方法，这样能够极大地简化代码。在这个示例中，T 可以替代为调用方所需的任意数据类型：

```
public T Add<T>(T a, T b)
```

泛型是个非常强大的工具，我们会在第 12 章对其进行详细讨论。

3.3.2　案例学习：自行车路径

[业务问题] 某移动应用专为喜爱越野的自行车骑行爱好者设计。其中一个关键业务需求便是该应用应能保存骑行路径点。骑行路径必须存在起点和终点，并且从两个方向都能够通行。此应用还需要具备能够实时修改骑行路线以避开危险、游览其他地方或根据兴趣增加路径点的功能。

根据此应用的特点和功能，描述路径的类将会需要以下几种基本功能。首先，应能够增加、删除和插入路径点。其次，应能够从当前路径开始，穿行到前方或后方的路径。最后，该类应能够快速地识别出发点、终点线以及当前关注的路径点。

数据的特性导致所有的路径点之间存在着空间关系，而应用必须利用这种关系在路径点之间穿行，因此数组并不能用作此应用的数据结构。然而，列表的内在特点提供了对数据集中所有对象之间的穿行关系的支持，因此开发人员选择链表结构来生成这个应用组件。

C#

C#通过 LinkedList<T>类和 LinkedListNode<T>类就方便地公开了链表结构和列表节点。因此，在 C#中创建这个类的过程非常直接。下面是 C#中进行简单实现的一个例子：

```
LinkedList<Waypoint> route;
LinkedListNode<Waypoint> current;
public WaypointList()
{
    this.route = new LinkedList<Waypoint>();
}
```

首先，声明两个属性。第一个为 route 属性，是 LinkedList<Waypoint>类型。第二个对象是 current 节点。声明的这两个对象并没有明确地定义其适用范围，因此它们默认为 private。由于只允许此类中的方法对这些项的值进行修改，因此定义这些项为私有。构造函数只对 route 属性进行了初始化，是因为 current 节点在需要时才会被赋值。

```
public void AddWaypoints(List<Waypoint> waypoints)
{
    foreach (Waypoint w in waypoints)
    {
        this.route.AddLast(w);
    }
}
```

```
public bool RemoveWaypoint(Waypoint waypoint)
{
    return this.route.Remove(waypoint);
}
```

AddWaypoints(List<Waypoint>)方法允许在已有路径中加入 $1,\cdots,n$ 个新路径点。C#并不提供将 List<T> 与 LinkedList<T>合并的机制，因此必须对 waypoints 进行循环遍历，并使用 LinkedList<T>.AddLast() 来分别加入新的节点，这意味着此操作的代价为 $O(i)$，而 i 为 waypoints 列表中元素的个数。

RemoveWaypoint(Waypoint) 方法将 waypoint 作为参数对骑行路径调用 LinkedList<T>.Remove()。由于这个方法在严格意义上讲是一种查找操作，因此其代价为 $O(n)$。

```
public void InsertWaypointsBefore(List<Waypoint> waypoints, Waypoint
before)
{
    LinkedListNode<Waypoint> node = this.route.Find(before);
    if (node != null)
    {
        foreach (Waypoint w in waypoints)
        {
            this.route.AddBefore(node, w);
        }
    } else {
            this.AddWaypoints(waypoints);
    }
}
```

InsertWaypointsBefore(List<Waypoint>, Waypoint)方法赋予了该类创建备选路径和骑行中增加中途目的地的能力。首先，该方法会尝试定位 before 节点。如果定位到了该节点，则在 before 节点之前顺序地插入新的路径点列表。否则，会立即调用 AddWaypoints(List<Waypoint>) 以在当前路径上添加新的路径点列表。尽管这个循环的功能看起来有点奇怪，但每当在 before 节点之前增加 1 个路径点时，会使 before 节点向链表尾部移动 1 个位置，这样做能够保证以正确的顺序插入新的节点。

由于上述代码包含了查找和插入操作，因此这是此类中复杂度最高的一个方法。这意味着其算法代价为 $O(n+i)$，其中 n 表示 route 数据集中已存在的元素个数，i 表示路径点列表中的元素个数。

```
public bool StartRoute()
{
```

```
    if (this.route.Count > 1)
    {
        this.current = this.StartingLine();
        return this.MoveToNextWaypoint();
    }
    return false;
}
```

StartRoute() 方法用于设置初始时的当前位置并将其停用。由于整个类都描述了一条至少由 2 维对象所定义的路径，因此 StartRoute() 方法在开始时便立即验证 route 是否至少拥有 2 个路径点。如果验证失败，说明该路径还未准备好，则返回 false。如果验证通过，则将 current 路径点设置为起点并移动至下一路径点。StartRoute() 方法的代价为 $O(1)$。

 我们可以非常容易地将StartRoute()中的Starting Line()方法和 MoveToNextWaypoint()方法的关键代码复制出来。这样做意味着，如果要修改起点识别或路径导航的方式，我们需要在多个位置维护这段代码。遵循这种代码复用模式，不仅可以减少工作量，还可以减少重构带来的潜在错误。

接下来是更改对象位置的方法：

```
public bool MoveToNextWaypoint()
{
    if (this.current != null)
    {
        this.current.Value.DeactivateWaypoint();
        if (this.current != this.FinishLine())
        {
            this.current = this.current.Next;
            return true;
        }
        return false;
    }
    return false;
}

public bool MoveToPreviousWaypoint()
{
```

```
    if (this.current != null && this.current != this.StartingLine())
    {
        this.current = this.current.Previous;
        this.current.Value.ReactivateWaypoint();
        return true;
    }
    return false;
}
```

MoveToNextWayPoint()和 MoveToPreviousWaypoint()方法引入了路径穿行的功能。在 MoveToNextWaypoint()方法中，会检查当前路径点，若不为 null，则将其停用。接下来，检查当前是否位于终点，如果不是，则将 current 设置为 route 中的下一个节点，并返回 true。MoveToPreviousWaypoint()方法先验证 current 不为 null 并确保其不位于起点。如果验证通过，则将 current 移动至前一个路径点并对该路径点重新激活。以上两个方法中任意一个验证失败的话，则会返回 false。每种方法的运行代价均为 $O(1)$。

 MoveToNextWaypoint()方法中的两个 false 返回看上去可能是一种设计失误，但请记住，这个类只用于路径功能的实现，并不负责该应用的所有功能。实际上，应该是在调用 MoveToNextWaypoint()之前，通过调用方来检查该路径是否就绪。我们设计的返回值只是用于表示操作的成功与否。

最后是用于描述位置的方法：

```
public LinkedListNode<Waypoint> StartingLine()
{
    return this.route.First;
}

public LinkedListNode<Waypoint> FinishLine()
{
    return this.route.Last;
}

public LinkedListNode<Waypoint> CurrentPosition()
{
```

```
        return this.current;
    }
```

StartingLine()和 FinishLine()方法用于公开路径数据集的头节点和尾节点。最后，CurrentPosition()方法用于公开当前路径中即将到达的下一个节点。以上方法的运行代价均为 $O(1)$。

Java

Java 通过 LinkedList<E>类公开链表结构。然而，Java 对列表节点结构并不提供对应的实现。这是因为在 Java 中，除了列表迭代器外，一般不能直接对节点进行操作。ListIterator<E>类提供了通常意义上的链表结构的必要功能的实现。如果需要自行创建一个节点类，其实现也非常简单。下面是 Java 中 WaypointList 类的一个简单实现的例子：

```
LinkedList<Waypoint> route;
Waypoint current;
public WaypointList()
{
    this.route = new LinkedList<Waypoint>();
}
```

该代码首先声明了两个属性。第一个属性为 route，是 List<Waypoint>的抽象。第二个属性为 current 节点。这两个属性的对象并没有明确地定义其适用范围，因此它们默认为 package-private。由于只允许此类中的方法对这些属性的值进行修改，因此将这些属性定义为私有。构造函数只对 route 属性进行了初始化，是因为 current 节点在需要时才会被赋值。

```
public void AddWaypoints(List<Waypoint> waypoints)
{
    this.route.addAll(waypoints);
}

public boolean RemoveWaypoint(Waypoint waypoint)
{
    return this.route.remove(waypoint);
}
```

AddWaypoints(List<Waypoint>)方法允许在已有路径中加入 $1 \sim n$ 个新路径点。使用 LinkedList<E>.addAll()方法将对象添加在列表中。这个操作非常简单，其代价为 $O(1)$。RemoveWaypoint(Waypoint)方法将 waypoint 作为参数对骑行路径调用

LinkedList<E>.remove()。由于这个方法在严格意义上是一种查找操作，因此其代价为 $O(n)$。

```
public void InsertWaypointsBefore(List<Waypoint> waypoints, Waypoint
before)
{
    int index = this.route.indexOf(before);
    if (index >= 0)
    {
        this.route.addAll(index, waypoints);
    } else {
        this.AddWaypoints(waypoints);
    }
}
```

InsertWaypointsBefore(List<Waypoint>, Waypoint)方法赋予了该类创建备选路径和在骑行中增加中途目的地的能力。首先，该方法会使用 LinkedList<E>.indexOf() 尝试定位 before 节点。如果 route 中不存在 before 节点，则 indexOf()返回-1，因此需要判断 indexOf()的返回值是否小于-1；如果小于-1，会立即调用 AddWaypoints (List<Waypoint>)方法，并在当前路径中添加新的路径点列表。如果能够定位 before 节点，则会在 before 节点之前插入新路径点的列表。

由于上述代码中包含了查找和插入操作，因此这是此类中复杂度最高的一个方法。这意味着其算法代价为 $O(n+i)$，其中 n 表示 route 数据集中已存在的元素个数，i 表示路径点列表中的元素个数。

```
public boolean StartRoute()
{
    if (this.route.size() > 1)
    {
        this.current = this.StartingLine();
        return this.MoveToNextWaypoint();
    }
    return false;
}
```

StartRoute()方法用于设置初始时的当前位置并将其停用。由于整个类都描述了一条至少由 2 维对象所定义的路径，因此 StartRoute()方法在开始时便立即验证 route 是否至少拥有 2 个路径点。如果验证失败，说明该路径还未准备好，返回 false。如果验证通过，则将 current 路径点设置为起点并移动至下一路径点。StartRoute()方法的代价为 $O(1)$。

```
public boolean MoveToNextWaypoint()
{
    if (this.current != null)
    {
        this.current.DeactivateWaypoint();
        if (this.current != this.FinishLine())
        {
            int index = this.route.indexOf(this.current);
            this.current = this.route.listIterator(index).next();
            return true;
        }
        return false;
    }
    return false;
}

public boolean MoveToPreviousWaypoint()
{
    if (this.current != null && this.current != this.StartingLine())
    {
        int index = this.route.indexOf(this.current);
        this.current = this.route.listIterator(index).previous();
        this.current.ReactivateWaypoint();
        return true;
    }
    return false;
}
```

MoveToNextWayPoint() 和 MoveToPreviousWaypoint() 方法引入了路径穿行的功能。在 MoveToNextWaypoint() 方法中，我们会先检查当前路径点是否不为 null，然后再将其停用。接下来，检查当前是否位于终点，如果不是，则把 route 的 listIterator 属性中的 next() 方法的返回值赋给 current，将 current 设置为 route 中的下一个节点，并返回 true。MoveToPreviousWaypoint() 方法先验证 current 不为 null 并确保其不位于起点。如果验证通过，则将 current 设置为前一个路径点并对该路径点重新激活。以上两个方法中任意一个验证失败的话，则会返回 false。由于需要对 current 进行搜索以找到匹配项，因此每种方法的运行代价均为 $O(n+1)$。

```
public Waypoint StartingLine()
{
    return this.route.getFirst();
}
```

```
public Waypoint FinishLine()
{
    return this.route.getLast();
}

public Waypoint CurrentWaypoint()
{
    return this.current;
}
```

StartingLine() 和 FinishLine() 方法用于公开路径数据集的头节点和尾节点。最后，CurrentPosition() 方法用于公开当前路径中即将到达的下一个节点。以上每种方法的运行代价均为 $O(1)$。

Objective-C

Objective-C 不公开链表的任何一个开箱即用实现。虽然可以创建自己的实现，但考虑到可用的工具，本书旨在展示其中最好的方法。在这种情况下，我们会再一次使用 NSMutableArray 类簇。以下是 EDSWaypointList 类在 Objective-C 中如何实现的一个简单例子：

```
@interface EDSWaypointList()
{
    NSMutableArray *_route;
    EDSWaypoint *_current;
}
-(instancetype)init
{
    if (self = [super init])
    {
        _route = [NSMutableArray array];
    }
    return self;
}
```

该代码首先声明了两个 ivar 属性。第一个是 NSMutableArray 数组 _route，第二个是 _current 节点。由于只允许此类中的方法对这些属性的值进行修改，因此将这些属性声明为 ivar。初始化器只对 _route 进行了实例化，是因为 _current 节点在需要时才会被赋值。

```
-(void)addWaypoints:(NSArray*)waypoints
{
```

```
    [_route addObjectsFromArray:waypoints];
}

-(BOOL)removeWaypoint:(EDSWaypoint*)waypoint
{
    if ([_route containsObject:waypoint])
    {
        [_route removeObject:waypoint];
        return YES;
    }
    return NO;
}
```

addWaypoints:方法允许在已有路径中加入 $1 \sim n$ 个新路径点。NSMutableArray 类允许通过调用 addObjectsFromArray:方法将新数组与当前路径合并。这个操作非常简单，其代价为 $O(1)$。

removeWaypoint: 方法使用 containsObject: 来确定 _route 是否含有 waypoint，然后再调用 removeObject:。如果不在乎这个操作成功与否，可直接调用 removeObject:并继续。值得注意的是，_route 对象是数组表，它支持代价为 $O(1)$的查找操作。由于预先并不知道路径点的编号，因此 removeObject:操作的代价依然为 $O(n)$。

```
-(void)insertWaypoints:(NSArray*)waypoints
beforeWaypoint:(EDSWaypoint*)before
{
    NSUInteger index = [_route indexOfObject:before];
    if (index == NSNotFound)
    {
        [self addWaypoints:waypoints];
    } else {
        NSRange range = NSMakeRange(index, [waypoints count]);
        NSIndexSet *indexSet =
[NSIndexSetindexSetWithIndexesInRange:range];
        [_route insertObjects:waypoints atIndexes:indexSet];
    }
}
```

insertWaypoints:beforeWaypoint:方法赋予了该类创建备选路径和在骑行中增加中途目的地的能力。首先，该方法会使用 indexOfObject:尝试定位 before 节点。如果没有找到该节点，则会立即调用 addWaypoints:以在当前路径中添加新的路径点列表。否则，则定义一个 NSRange 和 NSIndexSet 对象，并把这些对象和 insertObjects:

atIndexes：一起使用。由于这个方法包含了查找和插入操作，因此其代价为 $O(n+1)$，其中 n 代表当前 _route 对象中元素的个数。

```
-(BOOL)startRoute
{
    if ([_route count] > 1)
    {
        _current = [self startingLine];
        return [self moveToNextWaypoint];
    }
    return NO;
}
```

startRoute：方法用于设置初始时的当前位置并显示其停用状态。由于整个类都描述了一条至少由 2 维对象所定义的路径，因此 startRoute：方法在开始时便立即验证 _route 是否至少拥有 2 个路径点。如果验证失败，说明该路径还未准备好，返回 NO。如果验证通过，则将 _current 路径点设置为起点并移动至下一路径点。startRoute：方法的代价为 $O(1)$。

```
-(BOOL)moveToNextWaypoint
{
    if (_current)
    {
        [_current deactivateWaypoint];
        if (_current != [self finishLine])
        {
            NSUInteger index = [_route indexOfObject:_current];
            _current = [_route objectAtIndex:index+1];
            return YES;
        }
        return NO;
    }
    return NO;
}


-(BOOL)moveToPreviousWaypoint
{
    if (_current && _current != [self startingLine])
    {
        NSUInteger index = [_route indexOfObject:_current];
        _current = [_route objectAtIndex:index-1];
        [_current reactivateWaypoint];
```

```
        return YES;
    }
    return NO;
}
```

moveToNextWaypoint:方法先检查当前路径点是否为 nil，然后再将该路径点停用。接下来，验证当前是否在终点，如果不在终点，则获取 _current 在当前列表中的编号，并将下一个最大编号的对象赋值给该属性，然后再返回 YES。moveToPreviousWaypoint:方法先验证 _current 是否为 nil，然后再验证当前是否在起点。如果验证通过，则将 _current 置为前一个路径并进行重新激活，再返回 YES。以上两个方法任意一个验证失败，都会返回 NO。由于需要对 _current 进行搜索以找到匹配项，因此每种方法的运行代价均为 $O(n+1)$。

```
-(EDSWaypoint*)startingLine
{
    return [_route firstObject];
}


-(EDSWaypoint*)finishLine
{
    return [_route lastObject];
}


-(EDSWaypoint*)currentWaypoint
{
    return _current;
}
```

startingLine:和 finishLine:方法用于公开路径数据集的头节点和尾节点。最后，currentPosition:方法用于公开当前路径中即将到达的下一个节点。以上每种方法的运行代价均为 $O(1)$。

Swift

与 Objective-C 类似，Swift 不公开链表的任何一个实现。因此，可以使用 Swift 的 Array 类来建立本例中的数据结构。以下是在 Swift 中实现该类的一个简单示例：

```
var _route: Array = [Waypoint]()
var _current: Waypoint?
init() { }
```

该代码首先声明两个属性。第一个是数组 _route，第二个是 Waypoint 对象

_current 节点，其标记为 optional 类型。再一次，由于只允许此类中的方法对这些项的值进行修改，因此这些项被声明为私有。由于 _route 和 _current 被标记为 optional 类型，因此初始化器并不需要对其进行实例化，这些对象只有在需要时才会被赋值。

```
public func addWaypoints(waypoints: Array<Waypoint>)
{
    _route.appendContentsOf(waypoints)
}

public func removeWaypoint(waypoint: Waypoint) -> Bool
{
    if let index = _route.indexOf(waypoint)
    {
        _route.removeAtIndex(index)
        return true
    }
    return false
}
```

addWaypoints(Array<Waypoint>)方法允许在已有路径中加入 $1 \sim n$ 个新路径点。Array 类允许通过调用 appendContentsOf(Array)方法将新数组与当前路径合并。这个操作非常简单，其代价为 $O(1)$。

removeWaypoint(Waypoint)方法会判断 _route 中是否含有 waypoint，并调用 if...indexOf()得到该路径点的编号。如果不能得到该编号，则会返回 false。否则，调用 removeAtIndex()并返回 true。值得注意的是，由于 _route 对象是数组表，因此 removeAtIndex()的运行代价为 $O(1)$。

```
public func insertWaypoints(waypoints: Array<Waypoint>, before:
Waypoint)
    {
        if let index = _route.indexOf(before)
        {
            _route.insertContentsOf(waypoints, at:index)
        } else {
            addWaypoints(waypoints)
        }
    }
```

insertWaypoints(Array<Waypoint>, Waypoint)方法使用 if...indexOf()尝试定位 before 节点。如果没有找到该节点，则会立即调用 addWaypoints()以在当前路径上添加新的路径点列表。否则，会调用 insertContentOf()。由于这个方法描述了查找和插入操作，因此其代价为 $O(n+1)$，其中 n 表示当前 _route 对象中元素的个数。

```swift
public func startRoute() -> Bool
{
    if _route.count > 1
    {
        _current = startingLine()
        return moveToNextWaypoint()
    }
    return false
}
```

startRoute() 方法用于设置初始时的当前位置并显示其停用状态。如果至少拥有 2 个路径点，则将 _current 路径点设置为起点并移动至下一路径点。startRoute() 方法的运行代价为 $O(1)$。

```swift
public func moveToNextWaypoint() -> Bool
{
    if (_current != nil)
    {
        _current!.DeactivateWaypoint()
        if _current != self.finishLine()
        {
            let index = _route.indexOf(_current!)
            _current = _route[index!+1]
            return true
        }
        return false;
    }
    return false
}

public func moveToPreviousWaypoint() -> Bool
{
    if (_current != nil && _current != self.startingLine())
    {
        let index = _route.indexOf(_current!)
        _current = _route[index!-1]
        _current!.ReactivateWaypoint()
        return true
    }
    return false
}
```

在 moveToNextWaypoint() 方法中，先检查当前路径点是否为 nil，然后再将该路径点停用。接下来，验证当前是否在终点，如果不在终点，则获取 _current 在当前列表中的编号，并将下一个最大编号的对象赋值给 _current，然后再返回 true。moveToPreviousWaypoint() 方法先验证 _current 是否为 nil，然后再验证当前是否在起点。如果验证通过，则将 _current 置为前一个路径并进行重新激活，再返回 true。以上两个方法中任意一个验证失败的话，则会返回 false。由于需要对 _current 进行搜索以找到匹配项，因此每种方法的运行代价均为 $O(n+1)$。

```
public func startingLine() -> Waypoint
{
    return _route.first!
}

public func finishLine() -> Waypoint
{
    return _route.last!
}

public func currentWaypoint() -> Waypoint
{
    return _current!;
}
```

startingLine() 和 finishLine() 方法用于公开路径数据集的头节点和尾节点。最后，currentPosition() 方法用于公开当前路径中即将到达的下一个节点。以上每种方法的运行代价均为 $O(1)$。

3.4 双链表

双链表有 n 个指针的额外开销，其中 n 是列表的长度。额外的这些指针提供了列表的反向遍历功能。除了在一些非常特殊的情况下，这些额外开销一般可以忽略不计。添加、插入和删除操作的代价依然只为 $O(1)$。

3.5 查找

如果预先知道对象的编号，则数组表对于该对象的查找操作复杂度只有 $O(1)$。此外，对于未排序的列表进行二分查找的代价为 $O(n)$，对已排序的列表进行二分查找的代价为 $O(\log n)$。第 13 章将会对二分查找算法进行更详细的讨论。

3.6 一些指针

很多开发语言都将内存视作一系列连续的单元，每个单元都有固定字节长度的大小，也有独一无二的地址。指针是进行内存管理的工具，实际上是引用或指向一个内存单元地址的对象。通过使用指针，程序可以将比一个单独内存块大得多的对象存储到内存中。一些开发语言使用*运算符来表示指针的赋值操作。如果用过 Objective-C 或用过 C/C++，则应该对这个运算符非常熟悉。C#、Java 以及 Swift 的开发人员则不会对这个运算符有太多的体会，但不管怎样，还是应该熟悉指针的工作方式，以下便是具体原因。

当内存中的一个对象不再拥有引用其内存地址的指针时，该对象应从内存中释放或删除。删除不使用的对象，以防止内存被这些对象占满，这就是**内存管理**（**memory management**）。在一些更老的开发语言中，对外行人来说，对内存指针进行管理是一项枯燥的、常常会遇到错误的任务。大多数现代开发语言通过使用某种形式的内存管理设备将人们从这个苦差事中解救了出来。C#、Java 以及 Swift 使用**垃圾回收**（**garbage collection**, **GC**），Objective-C 使用**自动引用计数**（**automatic reference counting**, **ARC**）来进行自动内存管理。

虽然 GC 和 ARC 这些工具非常有用，但不能过于依赖它们管理内存。GC 和 ARC 不适合入门使用，一个坏的实现可能会导致其失效。将程序员从工程师中区分出来的标志便是程序员能够诊断并修复内存管理问题的能力。理解指针及其使用将会有助于你发现 GC 或 ARC 漏掉的内存管理问题。

对指针再进行更深入的讨论将会超出本书的范畴，但还是应该花些时间来熟悉和研究这个话题。使用如 C 或 C++这些使用人工内存管理的语言时，多花点时间写写代码，将会使你的事业更加顺利。

3.7 小结

在本章中，我们学习了列表这种数据结构的基础定义，包括已排序表和未排序表、数组表和链表之间的区别。我们讨论了如何在本书所使用的 4 种语言中进行列表的初始化。我们回顾了用户登录的类，用列表代替了原来的数组，观察其性能是否得到了提升，并了解了这 4 种语言之间有趣的差异，包括泛型和类簇的使用。然后，我们为骑行爱好者创建了一个能够描述路径的类，利用链表的优点，使该类能够动态地操作和修改路径点数据集。

在高级话题中，我们更详细地探讨了列表的不同实现，包括数组表、（单）链表以及双链表。最后，对于每个实现，我们都评估了其基本操作的性能，包括添加、插入、删除和查找节点。

第 4 章
栈：后入先出的数据集

栈（Stack）是一种抽象化的数据结构，其中的对象遵循**后入先出**（**Last-In First-Out, LIFO**）的原则被增加和删除。相应地，能够清晰定义栈结构的两种操作分别为压栈和出栈，压栈是为这个数据集加入对象，出栈则将这个数据集中的对象删除。其他常见操作还有查看、清空、计数、判断栈是否为空、判断栈是否已满等，以上这些操作会在本章的高级话题中进行讨论。

栈可以基于数组或链表。与链表相似，栈有已排序栈和未排序栈之分。考虑到链表的结构，链表栈的排序操作效率会高于数组栈。

栈这种数据结构非常适合需要在表尾增加或删除对象的应用程序。对特定路径或一系列操作进行回溯追踪便是个好例子。如果应用程序允许在数据集的任意一个位置进行数据的增加和删除，则根据我们目前所学的这些数据结构知识，可以知道使用链表是最合适的。

本章将涵盖以下主要内容：

- 栈的定义；
- 栈的初始化；
- 案例学习——运动规划算法；
- 栈的实现；
- 栈的常用操作；
- 数组栈；
- 链表栈；
- 查找。

4.1 栈的初始化

对于栈这种数据结构，每种开发语言都提供了不同程度的支持。下面便是栈的初始化、向栈中加入对象以及从栈顶删除对象这些操作的示例。

C#

C#通过 `Stack<T>`泛型类提供了栈的一种具体实现。

```
Stack<MyObject> aStack = new Stack<MyObject>();
aStack.Push(anObject);
aStack.Pop();
```

Java

Java 通过 `Stack<T>`泛型类提供了栈的一种具体实现。

```
Stack<MyObject> aStack = new Stack<MyObject>();
aStack.push(anObject);
aStack.pop();
```

Objective-C

Objective-C 并不提供栈的具体实现，但可以用类簇 NSMutableArray 轻易地创建栈。请注意，上面的操作会创建一个数组栈，相较于链表栈，其效率会有所降低。

```
NSMutableArray<MyObject *> *aStack = [NSMutableArray array];
[aStack addObject:anObject];
[aStack removeLastObject];
```

4.1.1　UINavigationController

说 Objective-C 不提供对栈数据类型的支持是不完全准确的。只要在 Objective-C 中进行过 iOS 编程的开发人员，立刻就会意识到该语言通过 UINavigationController 类提供了一种栈的实现。

UINavigationController 类管理着导航栈，该栈是用于视图控制器的数组栈。该类公开了与栈基本操作相对应的一些方法。这些方法包括 pushViewController:animated:（压栈）、popViewControllerAnimated:（出栈）、popToRootViewControllerAnimated:（清空）以及 topViewController:（查看）。除非导航栈为 nil 对象，否则导航栈总不为空。只有当应用加入了太多视图控制器以至于设备耗尽系统资源时，才会视作导航栈已满。

由于该栈是基于数组实现的，因此可以对该数据集本身进行 count 便可对栈进行计数。然而，该栈并不是能够用于程序任何功能的数据集类。如果需要在更一般的情况下使用栈，则需要自己进行实现。

Swift

如同 Objective-C，Swift 并不提供栈的具体实现。但是数组类能公开一些类似栈的操作。下面的例子展示了 popLast() 方法，该方法能够返回并删除数组中最后一个对象：

```
var aStack: Array [MyObject]();
aStack.append(anObject)
aStack.popLast()
```

4.1.2 栈的操作

并不是栈的所有实现都有着同样的操作方法。然而，一般提供的操作是通用的，开发人员也可根据其需要用这些操作。每种操作，不管它是基于数组还是基于链表进行实现的，其操作代价均为 $O(1)$。

- **压栈（push）**：压栈操作会给栈中加入新的对象。如果该栈是数组栈，会将新对象添加在数据集的最后，如果该栈是链表栈，则会给数据集增加新的节点。
- **出栈（pop）**：出栈操作是压栈的反操作。在大多数实现中，出栈操作会删除并向调用方返回当前栈顶的对象。
- **查看（peek）**：查看操作会向调用方返回当前栈顶的对象，但不会将此对象从数据集中删除。
- **清空（clear）**：清空操作会将栈中的所有对象删除，高效地将数据集重置为空。
- **计数（count）**：计数操作，有时也被称为求栈的大小或栈的长度，返回当前数据集中所有对象的总数。
- **栈是否为空（empty）**：该操作一般会返回一个布尔值，用于表示该数据集中是否有含对象。
- **栈是否已满（full）**：该操作一般会返回一个布尔值，用于表示该数据集是否已满。

4.2 案例学习：运动规划算法

[业务问题] 一位工业工程师设计了一个设备制造机器人，用于将螺栓拧入工件上的一系列的螺孔内，然后再给每个螺栓套上螺母并拧紧。该机器人装载了用于不同操作的不同工具，并可以根据指令自动地切换这些工具。然而，切换工具的时间会为整个工作流程增加不能忽视的额外时间，尤其是在对每个螺栓都需要切换一次工具时更为严重。这被认为是影响制造效率的原因之一，因此工程师希望能够减少切换工具的时间，以减少完成每个工件的整体时间。

为了消除重复切换工具所引入的延迟，工程师给此机器人进行了编程，令它先安装所有的螺栓，再利用其返回到出发点的这段时间切换工具，再安装所有的螺母。为了更进一步地提高性能，工程师希望机器人在安装完所有螺栓后，在进行螺母安装时会根据安装螺栓的步骤自动回溯，而不是返回到其原点位置。通过去除安装螺母前的返回动作，该工作流程消除了机器人在工件上的两次额外遍历。为了达到这位工程师的目的，需要在安装螺栓时存储机器人遍历工件的各个指令，然后再以相反的次序重复这些指令。

根据数据和应用程序的特性，用于代表这些命令的类需要以下几种基本功能。首先，该类需要命令的增加或删除机制作为其标准操作，而且，当工作流程遇到错误时，还应具有重置系统的功能；当发生系统重置时，该类必须能够报告当前等待执行命令的数目，以便说明库存损失；最后，当命令列表已满或命令全部执行完成时，该类应能够进行报告。

C#

如同之前栈实现的例子一样，C#通过 Stack<T>类公开了栈的数据结构。以下是 C# 中栈的一个简单实现示例：

```
public Stack<Command> _commandStack { get; private set; }
int _capacity;
public CommandStack(int commandCapacity)
{
    this._commandStack = new Stack<Command>(commandCapacity);
    this._capacity = commandCapacity;
}
```

该类声明了两个字段。第一个字段为_commandStack，用于表示栈，是该类的核心。该字段是公开可见的，但只能由类中提供的方法进行修改。第二个字段为_capacity，该字段保有由调用方所定义的该数据集中所能容纳的命令总数。最后，构造函数将_commandStack 初始化，并将 commandCapacity 的值赋给_capacity。

```
public bool IsFull()
{
    return this._commandStack.Count >= this._capacity;
}

public bool IsEmpty()
{
    return this._commandStack.Count == 0;
}
```

首先，需要在该数据集上建立一些验证环节。第一个验证方法 IsFull()会检查当前栈是否已满。由于业务规则规定机器人在加工下一个工件之前，必须回溯当前工件的所有指令，因此必须时刻追踪加入到数据集中的命令数量。不管出于何种原因，如果发现当前指令总数超过了对 _commandStack 预定义的容量，则说明在之前的回溯操作中发生了错误，需要立即对这些错误进行定位。因此，接下来将会检查 _commandStack.Count 是否大于等于 _capacity，并返回比较结果。IsEmpty() 是另一个验证方法。该方法必须优先于任何一种试图对栈中元素进行查看操作的方法被调用。以上两种操作的代价均为 $O(1)$。

```csharp
public bool PerformCommand(Command command)
{
    if (!this.IsFull())
    {
        this._commandStack.Push(command);
        return true;
    }
    return false;
}
```

PerformCommand(Command) 方法为该类提供了压栈功能。它接收 Command 类型的单个传入参数，然后检查 _commandStack 是否已满。如果已满，则 PerformCmmand() 方法返回 false。否则，将会调用 Stack<T>.Push() 方法将 command 加入到数据集中。然后，该方法返回 true 给调用方。该操作代价为 $O(1)$。

```csharp
public bool PerformCommands(List<Command> commands)
{
    bool inserted = true;
    foreach (Command c in commands)
    {
        inserted = this.PerformCommand(c);
    }
    return inserted;
}
```

该类还包含了 PerformCommands(List<Command>) 方法，可用于执行调用方提供的命令脚本（一组可被相继执行的指令）。PerformCommands() 方法接收一组命令列表作为传入参数，并通过调用 PerformCommand()，将这些命令按顺序插入到数据集中。该操作的代价为 $O(n)$，n 代表 commands 集中元素的个数。

```csharp
public Command UndoCommand()
{
```

```
        return this._commandStack.Pop();
    }
```

UndoCommand() 方法为该类提供了出栈功能。该方法不需要传入参数，通过调用 Stack<T>.Pop() 将该栈中最后一个 Command 弹出。Pop() 方法将 _commandStack 数据集中最后一个 Command 返回并删除。若 _commandStack 为空，Pop() 会返回一个 null 对象。这种特性至少在当前这段代码范围之内都是有好处的。由于 UndoCommand() 方法设计为需返回一个 Command 实例，若 _commandStack 为空，则不得不返回 null。这样一来，则不用在调用 Pop() 之前浪费时间使用 IsEmpty() 来检查当前栈是否为空。该操作的代价为 $O(1)$。

```
public void Reset()
{
    this._commandStack.Clear();
}

public int TotalCommands()
{
    return this._commandStack.Count;
}
```

CommandStack 类的最后一对方法便是 Reset() 和 TotalCommands()，它们分别提供了清空和计数功能。

Java

如前面的实现例子所示，Java 通过 Stack<E> 类公开了栈这种数据结构，Stack<E> 是 Vector<E> 的一种扩展，包括 5 个进行类操作的方法。Java 对于 Stack<E> 的开发文档推荐使用 Deque<E> 来支持 Stack<E>。但是，由于我们将会在第 5 章中再对 Queue<E> 和 Deque<E> 进行探讨，因此本章将会使用 Stack<E> 类。以下是 Java 中栈的一个简单实现示例：

```
private Stack<Command> _commandStack;
public Stack<Command> GetCommandStack()
{
    return this._commandStack;
}

int _capacity;

public CommandStack(int commandCapacity)
```

```
{
    this._commandStack = new Stack<Command>();
    this._capacity = commandCapacity;
}
```

该类声明了 3 个字段。第一个字段为_commandStack，它表示栈，是该类的核心。该字段是私有的，但同时也声明了一个公开可见的字段获取方法——GetCommandStack()。这样做是有必要的，因为只有该类中的方法才能够修改数据集。另一个字段为_capacity。该字段保有由调用方所定义的该数据集中所能容纳的命令总数。最后，构造函数将_commandStack 初始化，并将 commandCapacity 的值赋给_capacity。

```
public boolean isFull()
{
    return this._commandStack.size() >= this._capacity;
}

public boolean isEmpty()
{
    return this._commandStack.empty();
}
```

再次，一开始就需要在该数据集上建立一些验证环节。第一个验证方法 isFull() 会检查当前栈是否已满。由于业务规则规定机器人在加工下一个工件之前，必须回溯当前工件的所有指令，因此必须时刻追踪加入到数据集中的命令数量。不管出于何种原因，如果发现当前指令总数超过了对_commandStack 所预定义的容量，则说明在之前的回溯操作中发生了错误，需要立即对这些错误进行定位。因此，接下来将会检查_commandStack.size() 是否大于等于_capacity，并返回比较结果。isEmpty() 是另一个验证方法。该方法必须优先于任何一种试图对栈中元素进行查看操作的方法被调用。以上两种操作的代价均为 $O(1)$。

```
public boolean performCommand(Command command)
{
    if (!this.IsFull())
    {
        this._commandStack.push(command);
        return true;
    }
    return false;
}
```

performCommand(Command) 方法为该类提供了压栈功能。它接收 Command 类型的单个传入参数，然后检查 _commandStack 是否已满。如果已满，则 performCmmand() 方法返回 false。否则，将会调用 Stack<E>.push() 方法将 command 加入到数据集中。然后，该方法返回 true 给调用方。该操作的代价为 $O(1)$。

```
public boolean performCommands(List<Command> commands)
{
    boolean inserted = true;
    for (Command c : commands)
    {
        inserted = this.performCommand(c);
    }
    return inserted;
}
```

该类也包含了 performCommands(List<Command>) 方法，该方法用于了解调用方中存在的命令脚本（一组可被相继执行的命令）的情况。performCommands() 方法接收一组命令列表作为传入参数，并通过调用 performCommand() 将这些命令按顺序插入到数据集中。该操作代价为 $O(n)$，n 代表 commands 集中元素的个数。

```
public Command undoCommand()
{
    return this._commandStack.pop();
}
```

undoCommand() 方法为该类提供了出栈功能。该方法不需要传入参数，通过调用 Stack<E>.pop() 将该栈中最后一个 Command 弹出。pop() 方法将 _commandStack 数据集中最后一个 Command 返回并删除。若 _commandStack 为空，pop() 会返回一个 null 对象。如同 C#的例子一样，这种特性在当前这段代码范围之内是有好处的。由于 undoCommand() 方法设计为需要返回一个 Command 实例，若 _commandStack 为空，则不得不返回 null。这样一来，则不用在调用 pop() 之前浪费时间使用 isEmpty() 来检查当前栈是否为空。该操作的代价为 $O(1)$。

```
public void reset()
{
    this._commandStack.removeAllElements();
}

public int totalCommands()
{
    return this._commandStack.size();
}
```

CommandStack 类的最后一对方法便是 reset() 和 totalCommands()，它们分别
提供了清空和计数功能。

Objective-C

正如我们之前所看到的（在后续章节或许还能见到），Objective-C 并不公开栈这种数
据结构明确的具体实现，但对此提供了 NSMutableArray 类簇当作替代。有些人可能认为这
是 Objective-C 的一个缺点，认为其没有对开发人员可能需要的操作提供方法是不太好的。
但是，另一方面，有些人认为 Objective-C 提供了合理的 API 和能够建立任何数据结构所需
的基础组件，这种简洁性使其更为强大。至于哪种正确，仁者见仁，智者见智。以下是
Objective-C 中栈的一个简单实现示例：

```
@interface EDSCommandStack()
{
    NSMutableArray<EDSCommand*> *_commandStack;
    NSInteger _capacity;
}


-(instancetype)initWithCommandCapacity:(NSInteger)commandCapacity
{
    if (self = [super init])
    {
        _commandStack = [NSMutableArray array];
        _capacity = capacity;
    }
    return self;
}
```

该类声明了 2 个 **ivar** 属性。第一个属性为_commandStack，用于表示栈，是该类的
核心。该属性是私有的，但同时也声明了一个公开可见的属性访问器——commandStack。
这样做是有必要的，因为只有该类中的方法才能够修改数据集。另一个属性为_capacity。
该属性保存了调用方所定义的该数据集中所能容纳的命令总数。最后，构造函数将
_commandStack 初始化，并将 commandCapacity 的值赋给_capacity。

```
-(BOOL)isFull
{
    return [_commandStack count] >= _capacity;
}


-(BOOL)isEmpty
{
```

```
    return [_commandStack count] == 0;
}
```

另外，一开始就需要在该数据集上建立一些验证环节。第一个验证方法 isFull: 会检查当前栈是否已满。由于业务规则规定机器人在加工下一个工件之前，必须回溯当前工件的所有指令，因此必须时刻追踪加入到数据集中的命令数量。不管出于何种原因，如果发现当前指令总数超过了 _commandStack 预定义的容量，则说明在之前的回溯操作中发生了错误，需要立即对这些错误进行定位。因此，将会检查 [_commandStack count] 是否大于等于 _capacity，并返回比较结果。isEmpty: 是另一个验证方法。以上两种操作的代价均为 $O(1)$。

> 由于 Objective-C 对于 nil 对象的传递要求非常宽松，因此基本不需要考虑将 isEmpty: 作为一种验证方法，而是更多地将 isEmpty: 作为类本身的一个属性。然而，考虑到如果该方法被声明为一个属性，则其应被声明为 readonly，此外还需将该方法包含在实现文件之内。否则，Objective-C 会代表我们动态地生成实例变量 _isEmpty，并且调用方可以直接修改该值。这种情况下最好将该值声明为一个方法。

```
-(BOOL)performCommand:(EDSCommand*)command
{
    if (![self isFull])
    {
        [_commandStack addObject:command];
        return YES;
    }
    return NO;
}
```

performCommand: 方法为该类提供了压栈功能。它接受 Command 类型的单个传入参数，然后检查 _commandStack 是否已满。如果已满，则 performCmmand: 方法返回 NO。否则，将会调用 addObject: 方法将命令加入到数据集中。然后，该方法返回 YES 给调用方。该操作的代价为 $O(1)$。

```
-(BOOL)performCommands:(NSArray<EDSCommand*> *)commands
{
    bool inserted = true;
    for (EDSCommand *c in commands) {
```

```
        inserted = [self performCommand:c];
    }
    return inserted;
}
```

该类也包含了 performCommands:方法，该方法用于了解调用方中存在的命令脚本（一组可被相继执行的命令）的情况。performCommands:方法接收一个 EDSCommand 对象数组作为传入参数，并通过调用 performCommand:将这些命令按顺序插入到数据集中。该操作的代价为 $O(n)$，n 代表 commands 集中元素的个数。

```
-(EDSCommand*)undoCommand
{
    EDSCommand *c = [_commandStack lastObject];
    [_commandStack removeLastObject];
    return c;
}
```

undoCommand:方法为该类提供了出栈功能。由于 Objective-C 不提供栈的具体实现，因此该类在该方法的实现上需要一些创造力。该方法通过调用 lastObject 来获取栈顶的对象，然后通过调用 removeLastObject 将该指令从数据集中删除。最后，返回 Command 对象 c 至调用方。这一系列调用有效地模拟了 C#和 Java 中具体栈实现的出栈功能。虽然该方法曲折地实现了该功能，但由于一直在对数组的最后一个对象进行操作，因此该操作的代价仍然为 $O(1)$。

```
-(void)reset
{
    [_commandStack removeAllObjects];
}

-(NSInteger)totalCommands
{
    return [_commandStack count];
}
```

CommandStack 类的最后一对方法是 reset()和 totalCommands()，它们分别提供了清空和计数功能。

Swift

如同 Objective-C，Swift 并不公开栈的具体实现，但可以使用可变泛型 Array 类来达到此目的。以下是 Swift 中栈的一个简单实现示例：

```
public fileprivate(set) var _commandStack: Array = [Command]()
public fileprivate(set) var _capacity: Int;

public init (commandCapacity: Int)
{
    _capacity = commandCapacity;
}
```

该类声明了 2 个属性。第一个属性为_commandStack，用于表示栈，是该类的核心。该属性公开可见，但只能由类中的方法进行修改。第二个属性为_capacity。该属性保存了调用方定义的该数据集中所能容纳的命令总数。最后，构造函数将_commandStack 初始化，并将 commandCapacity 的值赋给_capacity。

```
public func IsFull() -> Bool
{
    return _commandStack.count >= _capacity
}

public func IsEmpty() -> Bool
{
    return _commandStack.count == 0;
}
```

和其他开发语言的例子一样，该类包含两个验证方法，分别为 IsFull() 和 IsEmpty()。IsFull() 会检查当前栈是否已满。由于业务规则规定机器人在加工下一个工件之前，必须回溯当前工件的所有指令，因此必须时刻追踪加入到数据集中的命令数量。不管出于何种原因，如果发现当前指令总数超过了对_commandStack 所预定义的容量，则说明在之前的回溯操作中发生了错误，需要立即对这些错误进行定位。因此，将会检查_commandStack .count 是否大于等于_capacity，并返回比较结果。IsEmpty() 必须优先于任何一种对栈中元素进行查看操作的方法被调用。以上两种操作的代价均为 $O(1)$。

```
public func PerformCommand(_command: Command) -> Bool
{
    if (!IsFull())
    {
        _commandStack.append(command)
        return true;
    }
    return false;
}
```

PerformCommand(Command)方法为该类提供了压栈功能。它接收 Command 类型的单个传入参数，然后检查 _commandStack 是否已满。如果已满，则 PerformCmmand() 方法返回 false。否则，将会调用 Array.append() 方法将命令加入到数据集中。然后，该方法返回 true 给调用方。该操作的代价为 $O(1)$。

```
public func PerformCommands(_commands: [Command]) -> Bool
{
    var inserted: Bool = true;
    for c in commands
    {
        inserted = PerformCommand(c);
    }
    return inserted;
}
```

该类也包含了 PerformCommands(List<Command>)方法，该法可用于执行调用方提供的命令脚本（一组可被相继执行的指令）。PerformCommands()方法接收一组命令列表作为传入参数，并通过调用 PerformCommand()将这些命令按顺序插入到数据集中。该操作代价为 $O(n)$，n 代表 commands 集中元素的个数。

```
public func UndoCommand() -> Command
{
    return _commandStack.popLast()!
}
```

UndoCommand()方法为该类提供了出栈功能。该方法不需要传入参数，若返回对象不为 nil，则通过强制展开运算符来访问 return 中包装的值，调用 Array.popLast()! 将该栈中最后一个命令弹出。popLast()方法将 _commandStack 数据集中最后一个命令返回并删除。若 _commandStack 为空，popLast()会返回一个 nil 对象。如同 Java 和 **Objective-C** 的例子一样，这种特性在当前这段代码范围之内都是有好处的。由于 UndoCommand()方法被设计为需返回一个 Command 实例，若 _commandStack 为空，则不得不返回 nil。这样一来，则不用在调用 popLast()之前浪费时间使用 IsEmpty()来检查当前栈是否为空。该操作的代价为 $O(1)$。

```
public func Reset()
{
    _commandStack.removeAll()
}
```

```
public func TotalCommands() -> Int
{
    return _commandStack.count;
}
```

CommandStack 类的最后一对方法是 Reset() 和 TotalCommands()，分别提供了清空和计数功能。

 零对象合并运算符（**nil Coalescing Operator**）或是其他语言中的空对象合并运算符（**null Coalescing Operator**）是冗长的三目运算符和显式 if...else 语句的简写。C#和 Swift 这类开发语言指定 "??" 为该运算符。Swift 更是包含了 "!" 或展开运算符（Unwrapping Operator），它们用于返回值为可选类型或返回值可能为 nil 的情况。Swift 中的 "??" 运算符对于在展开可选类型时定义默认值是不可或缺的。

4.3 高级话题——栈的实现

现在，我们已对栈的常见用法有所了解，接下来会探讨栈的不同种类的实现。最常见的两种实现为数组栈和链表栈。以下将会对这两种实现进行探讨。

4.3.1 数组栈

数组栈利用一个可变数组来表示该数据集。在这种实现中，数组的 0 号位置用来表示栈底。因此，array[0] 是压入栈中的第一个对象，也是最后弹出的对象。基于数组的结构不适用于已排序栈，这是因为相较于链表栈，对数组栈的任何重组都需要更高的操作代价。汉诺塔难题即是对一个数组栈进行排序的典型例子，该难题的操作代价为 $O(2^n)$，其中 n 为起始塔上盘子的总数。汉诺塔难题将会在第 12 章中进行更详细地讨论。

4.3.2 链表栈

链表栈利用指针来指向栈底的元素，并将每个新对象的后指针指向列表中的后一个对象。将栈顶的对象弹出仅涉及将数据集中最后一个对象删除。对于需要进行数据排序的应用，链表栈会更高效。

4.4　小结

　　本章我们学习了栈这种数据结构的基本定义，包括利用所讨论的 4 种开发语言如何进行该数据结构的初始化。然后，我们讨论了与栈有关的通用操作及其操作代价。本章还讲解了一个案例：使用栈来追踪传递给设备制造机器人的命令。这个案例表明 C#、Java 对栈提供了具体实现，而 Objective-C 和 Swift 并没有。最后，我们研究了栈最常见的类型：数组栈和链表栈，并说明了数组栈不适用于已排序栈的原因。

第 5 章
队列：先入先出的数据集

队列（**queue**）是一种抽象化的数据结构，它将其中的对象组织成为线性的数据集。这些对象在被插入进队列，或从队列中删除时，会遵循**先入先出**（**FIFO, First-In First-Out**）原则。队列中最显著的两个操作分别为**入队**（**enqueue**）和**出队**（**dequeue**）。入队操作将对象增添至队尾，出队操作将对象从队首删除。图 5-1 展示了队列的数据结构和上述两种基本操作。队列中其他常见操作还包括查看、判断队列是否为空、判断队列是否已满，所有这些操作将在本章后续内容中进行探讨。

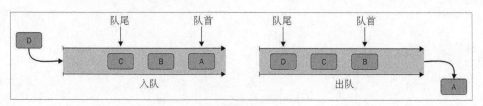

图 5-1

队列与栈非常相似，它们共享了一些相同的功能。甚至于它们的两种基本操作都非常相似，区别只在于其实现的原则正好相反。如同栈一样，队列也有数组队列和链表队列之分，大多数情况中链表队列的效率会更高。队列与栈的区别在于，栈可以是未排序或已排序栈，而队列根本就不是为排序而设计的，如果每当队列中增加对象就对其进行排序，则操作代价将会变为令人吃惊的 $O(n.\log(n))$。队列的另一种形式为基于堆这种数据结构的**优先级队列**（**priority queue**）。优先级队列支持排序，但其操作代价仍然较高，除一些特殊应用外并不会广泛使用。

总之，队列适用于需要根据先到先服务(first-come first-served)原则来确定操作优先级的任何应用。如果觉得难以具象化队列的结构，最简单的办法就是想象自己在排队时的样子。上小学时，我们会排队等待喝水；在超市里，我们会排队结账；在饭店，我们会排队等号；在许多政府办公地点，我们会排队等候办事。事实上，我们从出生起就开始在排队了……除非你有双胞胎兄弟，意味着你的排队生涯还要比我们早一点点。

本章将涵盖以下主要内容：

- 队列的定义；
- 队列的初始化；
- 案例学习：客户服务；
- 队列的实现；
- 队列的常用操作；
- 数组队列；
- 链表队列；
- 堆队列；
- 双端队列；
- 优先级队列。

5.1 队列的初始化

对于队列这种数据结构，每种开发语言都提供了不同程度的支持。下面便是队列的初始化、向队尾加入对象以及从队首删除对象这些操作的示例。

C#

C#通过 `Queue<T>`泛型类提供了队列的一种具体实现。

```
Queue<MyObject> aQueue = new Queue<MyObject>();
aQueue.Enqueue(anObject);
aQueue.Dequeue();
```

Java

Java 提供了抽象的 `Queue<E>`接口，并使用这个接口提供了队列的一些具体实现。队列还被扩展为 `Deque<E>`接口，用于表示**双端队列**（**double-ended queue**）。`ArrayDeque<E>`类是 `Deque<E>`接口的一种具体实现。

```
ArrayDeque<MyObject> aQueue = new ArrayDeque<MyObject>();
aQueue.addLast(anObject);
aQueue.getFirst();
```

Objective-C

Objective-C 不提供队列的具体实现，但可使用 NSMutableArray 类簇轻易创建一个队列。请注意，NSMutableArr 会创建一个数组队列。相较于链表队列，数组队列效率一般会有所降低。

```
NSMutableArray<MyObject *> *aStack = [NSMutableArray array];
[aStack addObject:anObject];
[aStack removeObjectAtIndex:0];
```

我曾好奇通过 NSMutableArray 所创建的栈和队列在性能上有何可测量的差异，因此我进行了一系列的测试。在这些测试中，我实例化了一个含有 1 000 000 个 EDSUser 对象的 NSMutableArray 对象。在第一个测试里，我将该数组当作一个栈，通过调用 removeLastObject 顺序地将数组尾端的元素弹出。在第二个测试里，我将该数组当作一个队列，通过调用 removeObjectAtIndex:0 顺序地让数组前端的元素出队。用 for 循环将每个测试分别执行 1 000 次，然后计算出单次循环中将数组里所有元素都删除所需的平均时间。我本来认为队列与栈的效率持平，或稍稍比栈低效，然而以下的结果却让我大吃一惊，栈的平均时间为 0.202993，队列平均时间为 0.184913。

正如你所看到的，队列的运行效率比栈稍高，平均比栈快 18 ms。当然，测试环境的不同会使结果改变，18 ms 的差异也并不值得引起注意，但通过这些测试我可以自信地说：NSMutableArray 类在作为队列使用时会更高效。如果你想自己进行这些测试，可以使用 stackTest 和 queueTest，这两个静态方法可以在随书的 Objective-C 代码文件 EDSCollectionTests 中找到。

Swift

如同 Objective-C，Swift 并不提供队列的具体实现，但 Array 类可以用来实现这种数据结构。下面的例子展示了 append() 和 popLast() 方法：

```
var aStack: Array [MyObject]();
aStack.append(anObject)
aStack.popLast()
```

队列的操作

并不是所有的队列实现都有着相同的操作方法。然而，一般选择的操作方法都是比较通用的，而且开发人员可以根据需要改编这些操作使其可用。

- **入队（enqueue）**：入队操作会将新对象加入到队尾。如果该队列是数组队列，则会将新对象添加至数据集；如果该队列是链表队列，则会将新对象作为新节点加入至数据集。

- **出队（dequeue）**：出队操作是入队的反操作。在大多数实现中，出队操作会删除并向调用方返回当前队首的元素。

- **查看（peek）**：查看操作会向调用方返回当前队首的对象，但不会将此对象从数据集中删除。

- **计数（count）**：计数操作会返回当前数据集中对象或节点的个数。

- **判断队列是否为空（empty）**：该操作一般会返回一个布尔值，用于表示该数据集中是否含有对象。

- **判断队列是否已满（full）**：该操作一般会返回一个布尔值，用于表示该数据集是否已满。并不是所有实现都能允许调用方来定义队列容量，但调用方可通过使用队列计数操作来非常容易地加入该信息。

5.2 案例学习：客户服务

[业务问题] 一个小型软件公司希望通过一款移动应用打入新市场，该应用能够跟踪**车管所**（**Department of Motor Vehicles, DMV**）网点中的客户服务请求。当用户穿过代表服务区域的**地理围栏**（**geofence**）后，该应用允许用户使用他们的手机号进行排号（take a number）。这样客户可以舒舒服服地坐在座位上等待服务，当被叫到号时再前往可用的服务窗口。因此，该应用的首要业务需求便是基于先到先服务原则将叫号服务传递到客户端。此外，开发团队应使用通用设计来实现该业务的核心功能，以便在不修改底层业务逻辑的情况下将该业务扩展至新市场。

负责核心功能开发的人员决定把用来跟踪队列中每个客户位置的类与 Web 服务绑定。该类还需要一些操作机制，这些操作机制不仅将客户的增加和删除视为基本操作，同时也将清空视为基本操作，以便在网点全天服务结束后清空等待列表中的剩余客户。客户在等待的过程中往往期待得知还有多久才能到窗口办理业务，因此该类必须能够报告当前等待服务的客户总数和排在当前客户之前的客户人数。当客户的移动设备再次穿过地理围栏后，表明他已离开服务区域，会立即失去其在队列中的位置。因此，虽然将队列中间的对象删除与典型的队列操作有所不同，但该类还应能够在客户办理业务之前取消他在队列中的位置。最后，该类还能够对当客户队列为空或服务区域人数达到容量限制这些情况进行报告。

C#

如同之前队列实现的例子一样，C#通过 Queue<T>对队列进行支持。该类为泛型类，并且包含了用于实现 CustomerQueue 类的所有基础操作。以下是 C#中队列的一个简单实现示例：

```
Queue<Customer> _custQueue;
int _cap;

public CustomerQueue(int capacity)
{
    _custQueue = new Queue<Customer>();
    _cap = capacity;
}
```

该类声明了两个字段。第一个字段为_custQueue，用于表示栈，是该类的核心。该字段是私有的，因此只有该类提供的方法才能对该字段进行修改。第二个字段为_cap，该字段保存了调用方定义的该数据集中能容纳的客户总数。最后，构造函数将_custQueue 初始化，并将 capacity 的值赋给_cap。

```
private bool CanCheckinCustomer()
{
    return this._custQueue.Count < this._cap;
}
```

CanCheckinCustomer()方法会判断_custQueue.Count 是否小于定义的客户容纳总量，并返回对应的布尔值，用此值来为 CustomerQueue 类提供简单的验证机制。

```
public void CustomerCheckin(Customer c)
{
    if (this.CanCheckinCustomer())
    {
        this._custQueue.Enqueue(c);
    }
}
```

入队操作是队列两种基本操作之一，包装在 CustomerCheckin(Customer)方法中。该方法先验证新的 Customer 对象能否被加入至当前队列，然后调用 Enqueue(T)将 c 增加至_custQueue 数据集。该操作的代价为 $O(1)$。

```
public Customer CustomerConsultation()
{
    return this._custQueue.Peek();
}
```

为了确保得到当前等待队列中客户人数的精确数字，客户在窗口办理完业务之前，该类都不会将该客户从队列中移出。因此，当一个客户到达队首时，CustomerConsultation() 方法会调用 Peek()。该操作会返回 _custQueue 中第一个 Customer 对象，但并不会将该对象从数据集中删除。该方法有效地为 Now Serving:或类似的消息提供了必要的数据。该操作的代价为 $O(1)$。

```
public void CustomerCheckout()
{
    this._custQueue.Dequeue();
}
```

一旦窗口办理完了当前客户的业务，即可将该客户从等待队列中删除。Customer Checkout() 方法会调用 Dequeue() 方法，将该 Customer 对象从 _custQueue 的队首中删除。该操作的代价为 $O(1)$。

```
public void ClearCustomers()
{
    this._custQueue.Clear();
}
```

当网点下班，需要停止服务时，该类还应能清空整个等待队列。ClearCustomers() 方法提供了清空功能，这样一来，CustomerQueue 类便可以将数据集重置为空的状态。

```
public void CustomerCancel(Customer c)
{
    Queue<Customer> tempQueue = new Queue<Customer>();
    foreach (Customer cust in this._custQueue)
    {
        if (cust.Equals(c))
        {
            continue;
        }
        tempQueue.Enqueue(c);
    }
    this._custQueue = tempQueue;
}
```

CustomerCancel(Customer)方法引入了将 Customer 对象从 _custQueue 数据

集中删除的这种非典型队列操作。由于 Queue<T>并未提供该操作的接口，因此需要自行对其进行实现。该方法首先要建立一个临时队列数据集 tempQueue，然后循环遍历 _custQueue 中的每个 Customer 对象。若 cust 不等于 c，便将其增加至 tempQueue。当 for 循环结束后，只有仍在排队等待的客户会被加入至 tempQueue。最后，将 tempQueue 赋给 _custQueue。该操作的代价为 $O(n)$，但考虑到该操作不是会被经常调用的基本操作，因此这样的代价是可以接受的。

```
public int CustomerPosition(Customer c)
{
    if (this._custQueue.Contains(c))
    {
        int i = 0;
        foreach (Customer cust in this._custQueue)
        {
            if (cust.Equals(c))
            {
                return i;
            }
            i++;
        }
    }
    return -1;
}
```

无论用何种精度的方法来估计客户当前所需的等待时间，都需要知道该客户当前在队列中的位置。CustomerPosition(Customer) 方法能为 CustomerQueue 类提供这项功能。由于 Queue<T>依然不提供对于该功能的支持，因此需要自行对其进行实现。CustomerPosition(Customer) 方法首先检查 _custQueue 是否含有当前查找的 Customer 对象。如果数据集不存在 Customer c，则该方法返回-1。反之，将会对整个数据集进行循环遍历直到找到 c 的位置。对于 Queue<T>.Contains(T)方法和 foreach 循环，最坏情况是 Customer c 对象位于队列的尾部，因此以上两项的操作代价均为 $O(n)$。由于这些操作是互相嵌套的，因此总的操作代价为 $O(2n)$。

```
public int CustomersInLine()
{
    return this._custQueue.Count;
}

public bool IsLineEmpty()
{
```

```
    return this._custQueue.Count == 0;
}

public bool IsLineFull()
{
    return this._custQueue.Count == this.cap;
}
```

最后 3 个方法为 CustomersInLine()、IsLineEmpty() 和 IsLineFull()，分别为 CustomerQueue 类引入了计数、判断当前队列是否为空以及判断当前队列是否已满的功能。以上每个方法的操作代价均为 $O(1)$。

嵌套循环

在使用嵌套循环时一定要多加注意。将上面的实现看作一个整体，CustomerPosition() 方法有以下两个原因值得特别关注。$O(2n)$ 的操作代价对于这样一个简单方法会显得非常高。事实上，当用户在比较好的情况时会愈加趋于不耐烦，几乎会不间断地查看预计等待时间。这种用户行为将转化为对 CustomerPosition() 方法的多次调用。可以说，在实际中可以忽略这种低效，因为对于一个正在实际排队的人员队列，甚至一个排队等待进入体育场的队列，所需的处理时间非常短。然而，当一个算法的复杂度为 x^n，且 $x>1$ 时，会存在糟糕的代码异味（code smell），绝大多数开发人员会在应用发布之前试图构建一个更好的方案来解决这个问题。

Java

如同前面的例子所示，Java 支持能够用于队列类的多个列表的具体实现，但最符合需求的是用于双端队列的 Dequeue<E> 接口。其中一个具体实现是 ArrayQueue<E> 类。以下是使用 ArrayQueue<E> 类进行队列简单实现的示例：

```
ArrayQueue<Customer> _custQueue;
int _cap;

public CustomerQueue(int capacity)
{
    _custQueue = new ArrayDeque<Customer>();
```

```
    _cap = capacity;
}
```

该类声明了两个字段。第一个字段为 _custQueue，用来表示队列，是该类的核心。
该字段是私有的，因此只有该类提供的方法才能对该字段进行修改。第二个字段为 _cap，
该字段保存了调用方定义的该数据集中所能容纳的客户总数。最后，构造函数将
_custQueue 初始化，并将 capacity 的值赋给 _cap。

```
private boolean canCheckinCustomer()
{
    return this._custQueue.size() < this._cap;
}
```

canCheckinCustomer() 方法会判断 _custQueue.Count 是否小于定义的客户容
纳总量，并返回对应的布尔值。该布尔值用来为 CustomerQueue 类提供简单的验证机制。

```
public void customerCheckin(Customer c)
{
    if (this.canCheckinCustomer())
    {
        this._custQueue.addLast(c);
    }
}
```

入队操作是队列两种基本操作之一，包装在 customerCheckin(Customer) 方法
中。该方法先验证新的 Customer 对象能否被加入至当前队列，然后调用 addLast(E)
将 c 增加至 _custQueue 数据集。该操作的代价为 $O(1)$。

```
public Customer customerConsultation()
{
    return this._custQueue.peek();
}
```

为了得到当前等待队列中客户人数的精确数字，客户在窗口办理完业务之前，该类都
不会将该客户从队列中删除。因此，当一个客户到达队首时，customerConsultation()
方法会调用 peek()。该操作会返回 _custQueue 中的第一个 Customer 对象，但并不会
将该对象从数据集中删除。该操作的代价为 $O(1)$。

```
public void customerCheckout()
{
    this._custQueue.removeFirst();
}
```

一旦窗口办理完了当前客户的业务，即可将该客户从等待队列中删除。Customer Checkout()方法会调用 Dequeue()方法，将该 Customer 对象从_custQueue 的队首删除。该操作的代价为 $O(1)$。

```
public void clearCustomers()
{
    this._custQueue.clear();
}
```

clearCustomers()方法提供了清空功能，这样一来，CustomerQueue 类便可以将数据集重置为空的状态。

```
public void customerCancel(Customer c)
{
    this._custQueue.remove(c);
}
```

customerCancel(Customer)方法引入了将 Customer 对象从_custQueue 数据集中删除的这种非典型队列操作。由于 ArrayQueue<E>提供了 remove(E)方法，该方法用于将任意一个对象 E 从队列中删除，因此 customerCancel(Customer)只需调用该方法便可实现这个操作。该操作的代价为 $O(n)$，但考虑到该操作不是被经常调用的基本操作，因此这样的代价是可以接受的。

```
public int customerPosition(Customer c)
{
    if (this._custQueue.contains(c))
    {
        int i = 0;
        for (Customer cust : this._custQueue)
        {
            if (cust.equals(c))
            {
                return i;
            }
            i++;
        }
    }
    return -1;
}
```

无论用何种精度的方法来估计客户当前所需的等待时间，都需要知道该客户当前在队列中的位置。customerPosition(Customer)方法能为 CustomerQueue 类实现这项功能。由于 ArrayQueue<E>接口不提供对于该功能的支持，因此需要自行对其进行实现。
customerPosition(Customer) 方法首先检查 _custQueue 是否含有当前查找的
Customer 对象。如果数据集不存在 Customer c，则该方法返回-1。反之，将会对整个
数据集进行循环遍历直到找到 c 的位置。对于 Queue<T>.Contains(T) 方法和 foreach
循环，最坏情况是 Customer c 对象位于队列的尾部，因此以上两项的操作代价均为 $O(n)$。
由于这些操作是互相嵌套的，因此总的操作代价为 $O(2n)$。

```
public int customersInLine()
{
    return this._custQueue.size();
}

public boolean isLineEmpty()
{
    return this._custQueue.size() == 0;
}

public boolean isLineFull()
{
    return this._custQueue.size() == this._cap;
}
```

最后 3 个方法为 customersInLine()、isLineEmpty() 和 isLineFull()，分
别为 CustomerQueue 类引入了计数、判断当前队列是否为空以及判断当前队列是否已满
的功能。以上每个方法的操作代价均为 $O(1)$。

Objective-C

与之前所讨论的一样，Objective-C 不提供队列的具体实现，但可以使用 NSMutable
Array 类簇轻松地模仿队列。以下是 Objective-C 中队列的一个简单实现示例：

```
NSMutableArray *_custQueue;
int _cap;

-(instancetype)initWithCapacity:(int)capacity
{
    if (self = [super init])
    {
        _custQueue = [NSMutableArray array];
        _cap = capacity;
    }
```

```
    vreturn self;
}
```

该类声明了两个 **ivar** 属性。第一个属性是名为 _custQueue 的 NSMutableArray 对象，用来表示队列，是该类的核心。第二个属性为 _cap。该属性保存了调用方定义的该数据集中所能容纳的客户总数。以上两个属性都是 ivar，因此只有该类提供的方法才能对其进行修改。最后，构造函数将 _custQueue 初始化，并将 capacity 的值赋给 _cap。

```
-(BOOL)canCheckinCustomer
{
    return [_custQueue count] < _cap;
}
```

canCheckinCustomer 方法会判断[_custQueue count]是否小于定义的客户容纳总量，并返回对应的布尔值。它为 CustomerQueue 类提供简单的验证机制。

```
-(void)checkInCustomer:(EDSCustomer*)c
{
    if ([self canCheckinCustomer])
    {
        [_custQueue addObject:c];
    }
}
```

入队操作是队列两种基本操作之一，包装在 checkInCustomer:方法中。该方法先验证新的 Customer 对象能否被加入至当前队列，然后调用 addObject:将 c 增加至 _custQueue 数据集中。该操作的代价为 $O(1)$。

```
-(EDSCustomer*)customerConsultation
{
    return [_custQueue firstObject];
}
```

为了得到当前等待队列中客户人数的精确数字，客户在窗口办理完业务之前，该类都不会将该客户从队列中删除。因此，当一个客户到达队首时，customerConsultation 方法会返回 firstObject。该操作会返回 _custQueue 中的第一个 Customer 对象，但并不会将该对象从数据集中删除。该操作的代价为 $O(1)$。

```
-(void)checkoutCustomer
{
    [_custQueue removeObjectAtIndex:0];
}
```

　　一旦窗口办理完了当前客户的业务，即可将该客户从等待队列中删除。Checkout
Customer 方法会调用 removeObjectAtIndex:0 将该 Customer 对象从 _custQueue
的队首中删除。该操作的代价为 $O(1)$。

```
-(void)clearCustomers
{
    [_custQueue removeAllObjects];
}
```

　　clearCustomers 方法提供了清空功能，这样一来，CustomerQueue 类便可以将
数据集重置为空。

```
-(void)cancelCustomer:(EDSCustomer*)c
{
    NSUInteger index = [self positionOfCustomer:c];
    if (index != -1)
    {
        [_custQueue removeObjectAtIndex:index];
    }
}
```

　　cancelCustomer:方法引入了将 Customer 对象从 _custQueue 数据集中删除的
这种非典型队列操作。由于 NSMutableArray 提供了 removeObjectAtIndex:属性，
因此 cancelCustomer:只需调用该方法便可实现这个操作。该操作的代价为 $O(n+1)$，但
考虑到该操作不是会被经常调用的基本操作，因此这样的代价是可以接受的。

```
-(NSUInteger)positionOfCustomer:(EDSCustomer*)c
{
    return [_custQueue indexOfObject:c];
}
```

　　无论用何种精度的方法来估计客户当前所需的等待时间，都需要知道该客户当前在队
列中的位置。positionOfCustomer:属性通过返回 indexOfObject:为该类提供了定
位功能。这个操作的代价为 $O(n)$。

```
-(NSUInteger)customersInLine
{
    return [_custQueue count];
}

-(BOOL)isLineEmpty
{
```

```
    return [_custQueue count] == 0;
}

-(BOOL)isLineFull
{
    return [_custQueue count] == _cap;
}
```

最后 3 个方法为 customersInLine()、isLineEmpty() 和 isLineFull()，分别为 CustomerQueue 类引入了计数、判断当前队列是否为空以及判断当前队列是否已满的功能。以上每个方法的操作代价均为 $O(1)$。

Swift

与之前所讨论的一样，Swift 不提供队列的具体实现，但可以使用 Array 类轻松地模仿队列。以下是 Swift 中队列的一个简单实现示例：

```
var _custQueue: Array = [Customer]()
var _cap: Int;

public init(capacity: Int)
{
    _cap = capacity;
}
```

该类声明了两个属性。第一个属性是名为 _custQueue 的 Customer 数组，用来表示队列，是该类的核心。第二个属性为 _cap。该属性保存了调用方定义的该数据集能容纳的客户总数。以上两个属性都是私有的，因此只有该类提供的方法才能对其进行修改。最后，构造函数将 _custQueue 初始化，并将 capacity 的值赋给 _cap。

```
public func canCheckinCustomer() -> Bool
{
    return _custQueue.count < _cap
}
```

canCheckinCustomer() 方法会判断 _custQueue.count 是否小于定义的客户容纳总量，并返回对应的布尔值。该方法用来为 CustomerQueue 类提供简单的验证机制。

```
public func checkInCustomer(c: Customer)
{
    if canCheckinCustomer()
    {
```

```
        _custQueue.append
    }
}
```

入队操作是队列的两种基本操作之一，包装在 checkInCustomer() 方法中。该方法先验证新的 Customer 对象能否被加入至当前队列，然后调用 append() 将 c 增加至 _custQueue 数据集。该操作的代价为 $O(1)$。

```
public func customerConsultation() -> Customer
{
    return _custQueue.first!
}
```

当一个客户到达队首时，customerConsultation() 方法会调用 first!。该操作会返回 _custQueue 中第一个 Customer 对象，但并不会将该对象从数据集中删除。该操作的代价为 $O(1)$。

```
public func checkoutCustomer()
{
    _custQueue.removeFirst()
}
```

一旦窗口办理完了当前客户的业务，即可将该客户从等待队列中删除。Checkout Customer() 方法会调用 removeFirst，将该 Customer 对象从 _custQueue 的队首中删除。该操作的代价为 $O(1)$。

```
public func clearCustomers()
{
    _custQueue.removeAll()
}
```

clearCustomers() 方法提供了清空功能，这样一来，CustomerQueue 类便可以将数据集重置为空。

```
public func cancelCustomer(c: Customer)
{
    if let index = _custQueue.index(of: c)
    {
        _custQueue.removeAtIndex(at: index)
    }
}
```

cancelCustomer(Customer) 方法引入了将 Customer 对象从 _custQueue 数据

集中删除的这种非典型队列操作。由于 Array 不提供简易的删除类型方法，因此需要自行实现该功能。以上代码先使用 indexOf() 为条件 var index 赋值。若 index 有值，则该方法会将 index 传递至 removeAtIndex() 方法。该操作的代价为 $O(n+1)$。

 在 Swift 的实现中，我们并没有调用 positionOfCustomer() 实例方法。这是因为 let ... =助记符会初始化条件绑定（**Conditional Binding**），而 positionOfCustomer() 会返回 Iıl，这并不是一个可选值。由于 positionOfCustomer() 和上面的方法都调用了同样的 indexOf() 方法，因此它们在操作代价上并没有区别。

positionOfCustomer() 方法的代码如下：

```
public func positionOfCustomer(c: Customer) -> Int
{
    return _custQueue.index(of:c)!
}
```

无论用何种精度的方法来估计客户当前所需的等待时间，都需要知道该客户当前在队列中的位置。positionOfCustomer() 方法通过返回 indexOf() 为该类提供了定位功能。这个操作的代价为 $O(n)$。

```
public func customersInLine() -> Int
{
    return _custQueue.count
}

public func isLineEmpty() -> Bool
{
    return _custQueue.count == 0
}

public func isLineFull() -> Bool
{
    return _custQueue.count == _cap
}
```

最后 3 个方法为 customersInLine()、isLineEmpty() 和 isLineFull()，分别为 CustomerQueue 类引入了计数、判断当前队列是否为空以及判断当前队列是否已满的功能。以上每个方法的操作代价均为 $O(1)$。总的来说，尽管 Swift 与其他开发语言差异很大，但 Swift 中的队列实现与 C#、Java 和 Objective-C 中的队列实现非常相似。

5.3 高级话题

队列可以用多种不同的底层数据结构进行构建。每种结构都有不同的优势，一般会根据应用程序的需要进行选择。最常见的 3 种实现分别是数组队列、链表队列和堆队列。

队列也存在两种变形，包括双端队列和优先级队列。同样的，每种变形都有其优势和劣势，一般应根据应用程序的需要进行选择。

5.3.1 数组队列

数组队列（**array-based queue**）利用可变数组来描述队列。Objective-C 和 Swift 这两个示例都采取了这种形式。在该实现中，数组的 [0] 位置用来表示队列的队首或队尾。一般说来，队列是严格意义上的 FIFO 数据集，开发人员不能试图将其进行排序，特别是对于数组队列，排序操作非常困难，代价也非常大。如果应用程序确实需要对数据集进行排序，应考虑选用其他数据结构，比如表。

5.3.2 链表队列

链表队列（**linked list-based queue**）利用指针指向队首的元素，并将每个新对象的后续指针添加进数据集中。将队首的对象出队只需简单地将头指针从节点 0 移动至节点 1。如果要使对象数据集必须为一个已排序队列，尽量使用链表队列，而不是数组队列。

5.3.3 堆队列

堆队列（**heap-based queue**）是通过堆数据集的支持而创建的一个队列。堆是一种专门的树型数据结构（**tree-based data structure**），其中的对象会根据它们的值或原生属性自然地以升序（**最小堆，min heap**）或降序（**最大堆，max heap**）形式排列。

以上所说的堆不应与计算机系统中的动态分配内存池所用的堆的概念发生混淆。我们将会在第 10 章中对堆的概念进行更详细的讨论。用于对堆进行排序的方法将会在第 12 章中进行广泛地讨论。

5.3.4 双端队列

双端队列（**double-ended queue**）是一种支持在队首和队尾增加或删除对象的数据集。双端队列的一个例子就是 `ArrayQueue<E>`，它是 Java 中 `Queue<E>` 接口的一个具体实现。

5.3.5 优先级队列

优先级队列（**priority queue**）会将数据集中的对象按照一些值或**优先级**（**priority**）进行排序。由于堆的分层结构特性，优先级队列常以堆队列的形式实现。在这种设计中，具有更高优先级的对象自然而然地排在队列中较为靠前的位置，因此每当一个对象从队列中出队，均为该队列中优先级最高的对象。当两个或多个对象优先级一样时，在队列中待的时间最长的对象会最先出队。

5.4 小结

本章，我们学习了队列这种数据结构的基础定义，包括如何用本书所讨论的 4 种开发语言中初始化队列。然后，我们讨论了队列数据结构最通用的操作及其操作代价。我们研究了一个使用队列来对客户排队情况进行跟踪的案例。这个例子表明 C#和 Java 对队列提供了具体实现，而 Objective-C 和 Swift 并没有。在此之后，我们研究了实现队列最常用的 3 种类型：数组队列、链表队列和堆队列。最后，我们学习了双端队列和优先级队列这两种队列的变形。

第 6 章
字典：关键字数据集

　　字典（**dictionary**）是一种抽象的数据结构，它是由一组关键字（键）与其相关联的值（值）构成的数据集，每个键只会在该数据集中出现一次。键与对应值互相关联，正是因为这种关系，字典有时会被称作**关联数组**（**associative array**）。字典也叫作映射（map），或更确切地说，有用于**散列字典**（哈希字典，**hash table-based dictionary**）的散列映射（哈希映射，**hash map**），以及用于**查找树字典**（**search tree-based dictionary**）的树映射（**tree map**）。字典中最常见的 4 种功能为增加、更新、获取和删除。其他常见的操作还有**计数、重分配、置入和判断当前字典是否已存在指定键**。以上每种操作都会在本章的后续内容中进行深入探究。

　　字典的关联特性或是映射特性支持非常高效的插入、查找和更新操作。在一个设计良好的字典中，对一个指定键的值进行新建、修改或获取操作时，其代价最低可为 $O(1)$。正是出于这种高效性，字典或许是你在日常开发中能遇到的最常见的数据结构。

　　你也许会好奇，为什么会将键与值相关联的数据集称为字典。其实这个名称来源于实际意义上的字典，其中的每个词（键）都有一个与其相关联的定义（值）。如果这样的解释对你而言还有点抽象，那么就想象一下停车服务。当你停车参加一个活动时，服务人员会在你下车时递给你一张停车票，再把你的车开走停车。这张停车票代表且仅代表你的车。其他停车票都与你所持有的停车票不同。因此，只有出示这张唯一的停车票才能从停车服务处取回你的车。一旦出示了停车票，会有人开来你的车，给了小费就能开走了。

　　这个过程就是字典数据结构的一个具体示例。每张停车票都代表了一个键，而每辆车都代表某类型的一个值。每个键都是唯一的，并且唯一地标识一个特定的值。当代码调用了一个值，则数据集就像停车服务一样，使用键来定位和返回所查找的值。当然，用不用给开发机"小费"完全取决于你。

　　本章将涵盖以下主要内容：

- 字典的定义；
- 字典的初始化；
- 散列表；

- 字典的常用操作；
- 案例学习——游戏代币统计；
- 散列字典；
- 查找树字典。

6.1 字典的初始化

字典非常常用，因此本书所讨论的每种语言都对其具体实现提供了支持。下面便是字典的初始化、向字典中加入一些键/值以及从该数据集中删除这些键/值操作的示例。

C#

C#通过 Dictionary<TKey, TValue>类提供了字典数据结构的一个具体实现。由于该类是泛型类，因此调用方需定义键和值的类型。下面便是一个例子：

```
Dictionary<string, int> dict = new Dictionary<string, int>();
```

该示例初始化了一个新字典，其中的键为 string 类型，值为 int 类型。

```
dict.Add("green", 1);
dict.Add("yellow", 2);
dict.Add("red", 3);
dict.Add("blue", 4);
dict.Remove("blue");
Console.WriteLine("{0}", dict["red"]);

// 输出结果:  3
```

Java

Java 提供 Dictionary<K, V>类，但若想为 Map<K, V>接口的类提供支持，则不建议使用 Dictionary<K, V>。以下是使用 HashMap<K, V>类的一个例子。该类扩展了AbstractMap<K, V>类，并对 Map<K, V>接口进行了实现。

```
HashMap<String, String> dict = new HashMap<String, String>();
dict.put("green", "1");
dict.put("yellow", "2");
dict.put("red", "3");
dict.put("blue", "4");
dict.remove("blue");
System.out.println(dict.get("red"));

//输出结果:  3
```

该类之所以被称为 HashMap 是因为它是散列映射的一个具体实现。有趣的是，Java 不允许在 HashMap 类的键或值中使用原始类型。正因如此，在上面的例子中，值的数据类型被替换成了 String。

> **散列表**
>
> 由于 Java 的一种字典实现名叫 HashMap，因此这是介绍**散列表**（**hash table**）的一个好时机。散列表也称为散列映射，使用**散列函数**（**hash function**）将数据映射为数组中的序号位置。严格来说，散列函数是一种能将动态大小数据映射为静态大小数据的函数。
>
> 在一个设计良好的散列表中，由于算法复杂度与数据集所包含的元素数量无关，因此查找、插入以及删除操作的代价均为 $O(1)$。在许多情况下，散列表比数组、表或其他查找型数据结构都高效。这就是散列表经常会被用于构建字典的原因，也是它被常用于数据库索引、高速缓存以及作为集合这种数据结构基础的原因。第 7 章将会对集合进行更详细的讨论。
>
>
>
> 事实上，虽然散列表最常用于构建关联数组，但它本身就是一种数据结构。但为什么不更深入地探究散列表呢？对于相似的应用，大多数开发语言会优先选择使用字典而不是散列表。这是因为字典是泛类型的，而散列表依赖于开发语言的根对象类型对值进行内部赋值，如 C# 的 object 类型。于是散列表在无形中允许任何对象作为其键/值，而泛型字典会限制调用方，只能将经过类型声明的对象作为其键/值。这种方法是类型安全的，并且，由于值不需要在每次更新和恢复时都进行**装箱和取消装箱**（类型转换）操作，因此效率会更高。
>
> 话是这么说，但不要简单地认为字典和散列表只是名字上的区别。虽然散列表与 Dictionary<object, object>的一些变形大致相同，但后者其实是完全不同的类，具有完全不同的功能和方法。

Objective-C

Objective-C 提供了 NSDictionary 和 NSMutableDictionary 用于支持不可变和可变的字典类。由于后面例子是使用不可变字典的，因此在此只对 NSDictionary 进行探讨。可以使用@{K : V, K : V}语法生成具有 1～n 组键/值对的文本数组来初始化 NSDictionary。此外，NSDictionary 还有两种常用的初始化方法。第一种是 dictionaryWithObjectsAndKeys:，它以数组为参数，该数组由一组对象/键对构成，并以 nil 结尾。第二种是 dictionaryWithObjects:forKeys:，它以两个数组为参数，第一个数组由对象构成，第二个数组由键组成。同 Java 中的 HashMap 类似，Objective-C 中的NSDictionary和NSMutableDictionary类簇不允许使用标量类型的数据作为其键或值。

```
NSDictionary *dict = [NSDictionary dictionaryWithObjectsAndKeys:
[NSNumber numberWithInt:1], @"green",
[NSNumber numberWithInt:2], @"yellow",
[NSNumber numberwithInt:3], @"red", nil];

NSArray *colors = @[@"green", @"yellow", @"red"];
NSArray *positions = @[[NSNumber numberWithInt:1],
                       [NSNumber numberWithInt:2],
                       [NSNumber numberWithInt:3]];

dict = [NSDictionary dictionaryWithObjects:positions forKeys:colors];
NSLog(@"%li", (long)[(NSNumber*)[_points valueForKey:@"red"]
integerValue]);
```

```
//输出结果:  3
```

你也许会觉得 dictionaryWithObjects:forKeys:初始化方法较为冗长，其可读性稍高。但是，在使用该方法时必须格外小心，以确保键和值能够正确地进行互相映射。

Swift

Swift 中使用 Dictionary 类来建立字典。在 Swift 中用 var 建立的字典为可变字典，用 let 初始化常量的方法建立的字典为不可变字典。字典中所用的键可为整型或字符串类型。Dictionary 类还能够接收任意类型的值，包括那些通常在其他开发语言中被认为是原始类型的值，这是因为这些类型实际上是 Swift 的命名类型，并且在 Swift 标准库中使用结构体进行了定义。无论什么情况，必须在数据集初始化时对键和值的类型进行声明，一经声明便不可更改。由于后面的例子中用到了不可变字典，因此此处的例子展示了如何初始化一个不可变字典。

```
let dict:[String: Int] = ["green":1, "yellow":2, "red":3]
print(dict[red])

//输出结果:  3
```

我们将会在第 8 章中对结构体进行更深入的探究。

字典的操作

并不是字典的所有实现都有着同样的操作方法。然而，较为通用的操作一般都比较相似，且开发人员可以根据其需要改编这些操作。以下是字典中的一些常见操作。

- **增加（add）**：增加操作，有时也称为插入操作，会给数据集中增加一对新的键/值对。增加操作的代价为 $O(1)$。
- **获取（get）**：获取操作，有时也称为**查找操作（lookup）**，会返回由给定键所映射的值。如果找不到与给定键相对应的值，有些字典会抛出一个异常。通过指定与所查找的值相对应的键，获取操作的代价为 $O(1)$。
- **更新（update）**：更新操作允许调用方修改字典内的值。不是所有的字典实现都提供了定义好的更新方法，有些是通过引用来支持对值的更新操作。这意味着一旦使用获取操作将对象从字典中取出时，该对象会直接被修改。通过指定与所修改的值相对应的键，更新操作的代价为 $O(1)$。
- **删除（remove）**：删除操作或称为移除操作，会根据给定的有效键，删除字典中与其对应的键/值对。当给定键在数据集中不存在时，大多数字典会直接忽略删除操作。通过指定需删除的键，删除操作的代价为 $O(1)$。
- **判断当前字典是否已存在指定键（contain）**：该操作会返回一个布尔值，用于表示字典中是否能够找到与给定键相一致的键。该操作需对字典中的键集进行循环遍历，才能查找字典中是否存在与给定键相匹配的键。因此，该操作最坏情况的代价为 $O(n)$。
- **计数（count）**：计数操作也称为求字典的大小，计数操作可以是字典中的一个方法，也可以仅仅是字典的一项属性，该操作会返回当前字典中键/值元素的数量。计数操作一般是数据集中的一项简单属性，因此其操作代价为 $O(1)$。
- **重分配（reassian）**：重分配操作允许为已存在的键重新分配一个新的值。由于更新操作与重分配操作效果一致，该操作在许多实现中并不常见。通过指定与所需重新分配的值相对应的键，重分配操作的代价为 $O(1)$。
- **置入（set）**：置入操作有时可看作增加和重分配这两个操作的替代操作。当字典中不存在需置入的键时，置入操作会向该字典插入一组新的键/值对；当字典中已存在需置入的键时，置入操作会对字典中该键所对应的值进行重分配。同一个实现不需要同时支持置入、增加和重分配操作。由于结合了增加和更新操作，置入操作的复杂度为 $O(1)$。

6.2　案例学习：游戏代币统计

[业务问题] 一位游戏厅经理希望通过废除实体游戏币的方式减少支出。使用实体游戏币的代价和浪费都非常大，这是因为在顾客兑换完游戏币后，需要将这些游戏币进行循环利用或淘汰。这位经理决定引入电子游戏点数系统，使顾客赚取游戏点数来代替实体游戏币，并将这些游戏点数以数字化的形式存储起来。当他设置好支持电子游戏点数系统的硬件设备后，还需要一款移动应用，该应用可以让工作人员或者顾客对所拥有的游戏点数进行高效的追踪。

该应用有以下几个关键需求。首先，它所存储的顾客数据仅依赖于该顾客在入场登记时所提供的姓名。其次，它必须能持续统计获得、输掉和赎回的游戏点数。然后，在任何时刻，它都能展示顾客当前所拥有的游戏点数，以及当前游戏厅中的顾客总数。最后，它可以一次删除单个或是全部顾客的记录。基于上述需求，开发人员认为字典能高效地对所有顾客的游戏点数进行跟踪，因此决定基于字典这种数据结构来进行类核心功能的开发。

C#

C#提供泛型数据集 Dictionary<TKey, TValue>。该类提供了我们在字典的具体实现中所期待的所有基础操作，同时还具有泛型类型转换的附加优势。

```
Dictionary<string, int> _points;
public PointsDictionary()
{
    _points = new Dictionary<string, int>();
}
```

Dictionary<TKey, TValue> 可以为该类创建一个名为_points 的私有字段。使用构造函数对该字段进行实例化，并对 PointsDictionary 类所依赖的底层数据结构进行构建。

```
//更新私有方法
private int UpdateCustomerPoints(string customerName, int points)
{
    if (this.CustomerExists(customerName))
```

```
    {
        _points[customerName] = _points[customerName] += points;
        return _points[customerName];
    }
    return 0;
}
```

UpdateCustomerPoints(string customerName, int points) 方 法 为
PointsDictionary 类提供了核心的更新功能。该方法首先确认传入的键在当前数据集
中是否存在。如果不存在，该方法立即返回 0。如果存在，则使用下标标记法获得该键的
值，并对该值进行更新。最后，再次使用下标标记法，将更新后的值返回给调用方。

我们将该方法保留为私有方法，随后会额外创建一系列更适用于业务需求的更新方法。
这些公有方法向调用方公开了更新功能，后续内容中会详细讨论这些方法。

```
//增加
public void RegisterCustomer(string customerName)
{
    this.RegisterCustomer(customerName, 0);
}

public void RegisterCustomer(string customerName, int previousBalance)
{
    _points.Add(customerName, previousBalance);
}
```

以上两个 RegisterCustomer() 方法为 PointsDictionary 类提供了增加功能。
在以上两种情况中，都需要将顾客姓名作为键来使用。PointsDictionary 类对该方法
进行了重载，用来应对还有余额的顾客前来登记这种情况。最后，重载的方法通过调用
Dictionary<TKey, TValue>.Add(T) 向数据集中插入一条新记录。

```
//获取
public int GetCustomerPoints(string customerName)
{
    int points;
    _points.TryGetValue(customerName, out points);

    return points;
}
```

GetCustomerPoints(string customerName) 方法引入了获取功能。该方法通
过使用 TryGetValue() 确认了数据集中存在 customerName 键，并获取了该键所对应
的值。如果该键不存在，该应用会对异常进行处理，并不向 points 赋值。然后，无论当

前 points 中为何值，该方法都会返回 points 中的值。

```
//更新公有方法
public int AddCustomerPoints(string customerName, int points)
{
    return this.UpdateCustomerPoints(customerName, points);
}

public int RemoveCustomerPoints(string customerName, int points)
{
    return this.UpdateCustomerPoints(customerName, -points);
}

public int RedeemCustomerPoints(string customerName, int points)
{
    //此处进行任意的账户操作
    return this.UpdateCustomerPoints(customerName, -points);
}
```

AddCustomerPoints(string customerName, int points)、RemoveCustomer
Points(string customerName, int points)和 RedeemCustomerPoints(string
customerName, int points)均为公有的更新方法。以上每种方法都调用了私有的
UpdateCustomerPoints(string customerName, int points)方法，但最后有两种
方法都将 points 的相反数传给了该私有方法。

```
//删除
public int CustomerCheckout(string customerName)
{
    int points = this.GetCustomerPoints(customerName);
    _points.Remove(customerName);
    return points;
}
```

CustomerCheckout(string customerName)方法为 PointsDictionary 类引
入了删除功能。该方法首先记录下顾客键的最终值，然后调用 Dictionary<TKey,
TValue>.Remove(T)将该顾客的键从数据集中删除。最后，向调用方返回该顾客最终的
游戏点数值。

```
//判断当前字典是否已存在指定键
public bool CustomerExists(string customerName)
{
    return _points.ContainsKey(customerName);
}
```

CustomerExists(string customerName) 方 法 使 用 了 Dictionary<TKey, TValue>接口提供的 ContainsKey()方法。ContainsKey()方法为 PointsDictionary 类引入了判断当前字典是否存在指定键的功能。

```
//计数
public int CustomersOnPremises()
{
    return _points.Count;
}
```

CustomersOnPremises()方法通过使用 Dictionary<TKey, TValue>类的 Count 字段为 PointsDictionary 类提供了计数功能。

```
public void ClosingTime()
{
    //此处进行任意的账户操作
    _points.Clear();
}
```

最后，按照业务需求，还需要一个能将所有对象删除的方法。ClosingTime()方法通过使用 Dictionary<TKey, TValue>.Clear()方法实现了该功能。

Java

如同前面所提到的一样，Java 本提供了一个 Dictionary 类，但为了给实现 Map<K, V>接口的类提供支持，从而选择将其弃用。HashMap<K, V>实现了上述的接口，并提供了基于散列表的一个字典实现。如同之前 C#的例子一样，HashMap<K, V>公开了我们在字典的具体实现中所期待的所有基础操作。

```
HashMap<String, Integer> _points;
public PointsDictionary()
{
    _points = new HashMap<>();
}
```

上面代码中的 PointsDictionary 类的核心是 HashMap<K, V>实例。当构造函数在对该数据集进行实例化时，命名了私有字段_points。你可能已经注意到了，在实例化 _points 数据集时，代码并没有显式地对数据类型进行声明。这是因为在 Java 中，当在声明中已对键和值进行了定义时，无须在散列表实例化时再次进行显式的数据类型声明。若非要进行类型声明，编译器会生成一则警告。

```
private Integer UpdateCustomerPoints(String customerName, int points)
{
```

```
    if (this.CustomerExists(customerName))
    {
        _points.put(customerName, _points.get(customerName) + points);
        return _points.get(customerName);
    }
    return 0;
}
```

UpdateCustomerPoints(string customerName, int points) 方 法 为
PointsDictionary 类提供了核心的更新功能。该方法首先确认传入的键在当前数据集
中是否存在。如果不存在，该方法立即返回 0。如果存在，则使用 put() 和 get() 对该键
所对应的值进行更新。最后，再次使用 get()，将更新后的值返回给调用方。

```
//增加
public void RegisterCustomer(String customerName)
{
    this.RegisterCustomer(customerName, 0);
}

public void RegisterCustomer(String customerName, int previousBalance)
{
    _points.put(customerName, previousBalance);
}
```

以上两个 RegisterCustomer() 方法为 PointsDictionary 类提供了增加功能。
在以上两种情况中，都需要将顾客姓名作为键来使用。PointsDictionary 类对该方法
进行了重载，用来应对剩有余额的顾客前来登记这种情况。最后，重载的方法通过调用
HashMap<K, V>.put(E) 向数据集中插入一条新记录。

```
//获取
public Integer GetCustomerPoints(String customerName)
{
    return _points.get(customerName) == null ? 0 :
_points.get(customerName);
}
```

GetCustomerPoints(string customerName) 方法引入了获取功能。该方法使用了
get() 方法，并通过判断其返回值是否不为 null，来确认数据集中是否存在 customerName
键。我们通过三目运算符对其进行判断，如果 customerName 键存在，返回其对应的值，
如果该键不存在，则返回 0。

```
//更新
public Integer AddCustomerPoints(String customerName, int points)
```

```
{
    return this.UpdateCustomerPoints(customerName, points);
}

public Integer RemoveCustomerPoints(String customerName, int points)
{
    return this.UpdateCustomerPoints(customerName, -points);
}

public Integer RedeemCustomerPoints(String customerName, int points)
{
    //此处进行任意的账户操作
    return this.UpdateCustomerPoints(customerName, -points);
}
```

接下来，AddCustomerPoints(String customerName, int points)、Remove CustomerPoints (String customerName, int points) 和 RedeemCustomer Points(String customerName, int points)均为公有的更新方法。以上每种方法都调用了私有的 UpdateCustomerPoints(string customerName, int points) 方法，但最后的两种方法都将 points 的相反数传给了这个私有方法。

```
//删除
public Integer CustomerCheckout(String customerName)
{
    Integer points = this.GetCustomerPoints(customerName);
    _points.remove(customerName);
    return points;
}
```

CustomerCheckout(string customerName)方法为 PointsDictionary 类引入了删除功能。该方法首先记录下顾客键的最终值，然后调用 HashMap<K, V>.remove(E) 将该顾客的键从数据集中删除。最后，向调用方返回该顾客最终的游戏点数值。

```
//判断当前字典是否已存在指定键
public boolean CustomerExists(String customerName)
{
    return _points.containsKey(customerName);
}
```

CustomerExists(string customerName)方法通过使用 HashMap<K, V>方法提供的 containsKey()方法，为 PointsDictionary 类引入了判断当前字典是否已存在指定键的功能。

```
//计数
public int CustomersOnPremises()
{
    return _points.size();
}
```

CustomersOnPremises()方法通过使用 HashMap<K, V>类的 size()字段，为
PointsDictionary 类提供了计数功能。

```
//清空
public void ClosingTime()
{
    //此处进行任意的账户操作
    _points.clear();
}
```

最后，按照业务需求，还需要一个能将所有对象删除的方法。ClosingTime()方法
通过使用 HashMap<K, V>.clear()方法实现了该功能。

Objective-C

在 Objective-C 的例子中，我们会使用 NSMutableDictionary 类簇来表示字典。
NSMutableDictionary 类簇不提供任何一个我们在字典的具体实现中所期待的基础操
作，但这些未提供的操作是非常容易实现的。值得注意的是，Objective-C 不允许在
NSDictionary 或 NSMutableDictionary 数据集的实例中加入标量值。由于值是以整
数形式进行存储的，因此我们不得不在每一个 NSInteger 标量被增加至数据集之前，将
其置入到 NSNumber 包装类中。不幸的是，由于所有的这些值在插入至数据集或从数据集
中取出时都必须要经历装箱和开箱过程，因此上述方案会给这个实现带来一些额外开销。

```
@interface EDSPointsDictionary()
{
    NSMutableDictionary<NSString*, NSNumber*> *_points;
}

@implementation EDSPointsDictionary
-(instancetype)init
{
    if (self = [super init])
    {
        _points = [NSMutableDictionary dictionary];
    }
```

```
    return self;
}
```

通过使用 NSMutableDictionary 类簇，我们为所要实现的类创建了一个名为 _points 的实例变量。初始化器实例化了该字典，并构建了 PointsDictionary 类所依赖的底层数据结构。

```
-(NSInteger)updatePoints:(NSInteger)points
    forCustomer:(NSString*)customerName
{
    if ([self customerExists:customerName])
    {
        NSInteger exPoints = [[_points objectForKey:customerName]
integerValue];
        exPoints += points;
        [_points setValue:[NSNumber numberWithInteger:exPoints]
forKey:customerName];
        return [[_points objectForKey:customerName] integerValue];
    }
    return 0;
}
```

updatePoints:forCustomer:方法为 PointsDictionary 类提供了核心的更新功能。该方法首先通过调用 customerExists:方法来确认当前数据集中是否含有传入的键。如果不存在，该方法立即返回 0。如果存在，则使用 objectForKey:获得存储的 NSNumber 对象。我们可通过调用 integerValue 立即提取出该对象中的 NSInteger 值。然后使用 setValue:forKey:对该值进行调整和更新。最后，再次使用 objectForKey:将更新后的值返回给调用方。

```
//增加
-(void)registerCustomer:(NSString*)customerName
{
    [self registerCustomer:customerName withPreviousBalance:0];
}

-(void)registerCustomer:(NSString*)customerName
    withPreviousBalance:(NSInteger)previousBalance
{
    NSNumber *points = [NSNumber numberWithInteger:previousBalance];
    [_points setObject:points forKey:customerName];
}
```

registerCustomer:方法为 PointsDictionary 类提供了增加功能。Points

Dictionary 类在 registerCustomer: customerName withPreviousBalance: 中对该方法进行了重载，用来应对剩有余额的顾客前来登记这种情况。最后，重载的方法通过调用 setObject: points forKey:向字典中插入了一组新的键/值对。

```
//获取
-(NSInteger)getCustomerPoints:(NSString*)customerName
{
    NSNumber *rawsPoints = [_points objectForKey:customerName];
    return rawsPoints ? [rawsPoints integerValue] : 0;
}
```

getCustomerPoints:方法引入了获取功能。该方法使用 objectForKey:来获取与传入键相对应的 NSNumber 对象，并将该 NSNumber 对象赋给 rawPoints。然后，该方法会判断 rawPoints 是否为 nil，若不为 nil 则返回 rawPoints 的 integerValue，若为 nil 则返回 0。

```
//更新
-(NSInteger)addPoints:(NSInteger)points
    toCustomer:(NSString*)customerName
{
    return [self updatePoints:points forCustomer:customerName];
}

-(NSInteger)removePoints:(NSInteger)points
    fromCustomer:(NSString*)customerName
{
    return [self updatePoints:-points forCustomer:customerName];
}

-(NSInteger)redeemPoints:(NSInteger)points
    forCustomer:(NSString*)customerName
{
    //此处进行任意的账户操作
    return [self updatePoints:-points forCustomer:customerName];
}
```

接下来，addPoints:toCustomer:、removePoints:fromCustomer:和 redeemPoints:forCustomer:均为公有的更新方法。以上每种方法都调用了私有的 updatePoints:forCustomer:方法，但最后两种方法都将 points 的相反数传给了该私有方法。

```
-(NSInteger)customerCheckout:(NSString*)customerName
{
```

```
    NSInteger points = [[_points objectForKey:customerName]
integerValue];
    [_points removeObjectForKey:customerName];
    return points;
}
```

customerCheckout:方法为 PointsDictionary 类引入了删除功能。该方法首先记录下顾客键的最终值，然后调用 removeObjectForKey:将该顾客的键从数据集中删除。最后，该方法向调用方返回该顾客最终的游戏点数值。

```
//判断当前字典是否已存在指定键
-(bool)customerExists:(NSString*)customerName
{
    return [_points objectForKey:customerName];
}
```

NSMutableDictionary 类簇不提供用于判断数据集中是否存在指定键的机制。一种简单的变通方案就是直接调用 objectForKey:，如果返回值为 nil，说明数据集中不存在给定键，且 nil 为 NO。基于上述原则，customerExists:方法仅返回 objectForKey:，并将返回值以 BOOL 类型进行计算。

```
//计数
-(NSInteger)customersOnPremises
{
    return [_points count];
}
```

customersOnPremises 通过使用 NSDictionary 类的 count 属性，为 PointsDictionary 类提供了计数功能。

```
//清空
-(void)closingTime
{
    [_points removeAllObjects];
}
```

最后，按照业务需求，还需要一个能将所有对象删除的方法。closingTime 方法通过使用 removeAllObjects 方法实现了该功能。

Swift

Swift 所提供的 Dictionary 类与 Objective-C 中的 NSMutableDictionary 一样，

并不提供任何一个我们在字典的具体实现中所期待的基础操作，但这些未提供的操作仍旧是非常容易实现的。值得注意的是，Swift 字典值的数据类型与 Objective-C 中的数据类型有所区别。由于 Swift 中的原始类型均包装在 structs 中，因此可以将 Int 对象加入到数据集中。

```
var _points = Dictionary<String, Int>()
```

通过使用 Dictionary 类，为所要实现的类创建一个名为_points 的私有属性。由于实例化过程中无需其他定制化的代码，且在声明该属性的同时对其进行了初始化，因此可以使用默认的初始化器，而不是显式的公共初始化器。

```
public func updatePointsForCustomer(points: Int, customerName: String)
-> Int
{
    if customerExists(customerName)
    {
        _points[customerName] = _points[customerName]! + points
        return _points[customerName]!
    }
    return 0
}
```

updatePointsForCustomer()方法为该类提供了核心的更新功能。该方法首先通过调用 customerExists()方法来确认当前数据集是否含有传入的键。如果不存在，该方法立即返回 0。如果存在，则使用下标标记法获得该键的值，并对该值进行更新。最后，该方法再次使用下标标记法，将更新后的值返回给调用方。

```
//增加
public func registerCustomer(customerName: String)
{
    registerCustomerWithPreviousBalance(customerName, previousBalance:
0)
}

public func registerCustomerWithPreviousBalance(customerName: String,
previousBalance: Int)
{
    _points[customerName] = previousBalance;
}
```

以上两个 registerCustomer()方法为该类提供了增加功能。在以上两种情况中，都需要将顾客姓名作为键来使用。该类对该方法进行了重载，用来应对剩有余额的顾客前来登记这种情况。最后，重载的方法通过使用下标标记法向数据集中插入一组新的键/值对。

```swift
//获取
public func getCustomerPoints(customerName: String) -> Int
{
    let rawsPoints = _points[customerName]
    return rawsPoints != nil ? rawsPoints! : 0;
}
```

getCustomerPoints()方法引入了获取功能。该方法通过使用下标标记法来获取与传入键相对应的值，并在返回该值之前判断其是否为 nil。如果为 nil，则返回当前值；否则返回 0。

```swift
//更新
public func addPointsToCustomer(points: Int, customerName: String) ->
Int
{
    return updatePointsForCustomer(points, customerName: customerName)
}

public func removePointsFromCustomer(points: Int, customerName: String)
-> Int
{
    return updatePointsForCustomer(-points, customerName: customerName)
}

public func redeemPointsForCustomer(points: Int, customerName: String)
-> Int
{
    //此处进行任意的账户操作
    return updatePointsForCustomer(-points, customerName: customerName)
}
```

addPointsToCustomer()、removePointsFromCustomer()和 redeemPointsForCustomer()均为公有的更新方法。以上每种方法都调用了私有的 updatePointsForCustomer()方法，但最后两种方法都将 points 的相反数传给了该私有方法。

```swift
public func customerCheckout(customerName: String) -> Int
{
    let points = _points[customerName]
    _points.removeValueForKey(customerName)
```

```
        return points!;
}
```

customerCheckout()方法为该类引入了删除功能。该方法首先记录下顾客键的最终值，然后调用 removeValueForKey()将该顾客的键从数据集中删除。最后，向调用方返回该顾客最终的游戏点数值。

```
//判断当前字典是否已存在指定键
public func customerExists(customerName: String) -> Bool
{
        return _points[customerName] != nil
}
```

与 NSMutableDictionary 相似，Dictionary 不提供用于判断数据集中是否存在指定键的方法。幸运的是，Objective-C 中的那个变通方案同样适用于 Swift。该方法使用下标标记法来进行键的查找，如果返回值为 nil，说明数据集中不存在给定键，nil 为 false。基于上述原则，customerExists()方法仅返回 _points[cusrtomerName]，并将返回值以 BOOL 类型进行计算。

```
//计数
public func customersOnPremises() -> Int
{
        return _points.count
}
```

customersOnPremises()通过使用 Dictionary 类的 count 属性，为该类提供了计数功能。

```
//清空
public func closingTime()
{
        _points.removeAll()
}
```

最后，按照业务需求，还需要一个能将所有对象删除的方法。closingTime()方法通过使用 Dictionary.removeAll()方法实现了该功能。

6.3 高级话题

既然已经研究了如何在通常的应用程序中使用字典，接下来我们将探究一下字典在底层是如何进行实现的。绝大多数字典都可分为散列表字典和查找树字典两类。这两类字典的结构大致相近，并且共用了许多相同的方法和功能，但它们的内部工作方式和理想的应用场景都大有不同。

6.3.1　散列表字典

字典最常见的一种实现是**基于散列表（hash table based）**的关联数组。如果实现的较好，散列表会非常高效，且允许复杂度为 $O(1)$ 的查找、插入和删除操作。在我们所研究的每种语言中，其基本字典类都默认为散列表字典。散列表字典的一般概念是将指定键的映射存储在某数组的索引中，该索引可通过对该键应用一个散列函数得到。然后，调用方会根据指定键得到一个相同的数组索引，并通过存储在该索引处的映射得到对应元素的值。

散列表字典的缺点是散列函数有制造**冲突（collision）**的可能，即在一些情况下，散列函数可能会将两个键映射到同一个索引上。因此，基于散列表的实现必须要具有能解决这些冲突的机制。目前存在许多**冲突解决策略（collision resolution strategy）**，但这些技术细节已超出了本书的范围。

6.3.2　查找树字典

字典的另一种较常见的实现是**基于查找树（search tree based）**的关联数组。查找树字典非常适用于通过值的某些准则或特点对键和值进行排序的应用，此外，还可以通过对键或值的数据类型进行定制，以构建出能更高效运行的字典。查找树字典的另一个优势是，它还可以提供除了之前所描述的基础操作外的额外操作，如查找与给定键相似的键的映射。这些优点是有代价的，在这种情况下，查找树字典的基础操作代价会更高，同时字典本身会更加严格地限制可使用的数据类型。与查找树字典相关的排序操作会在第 12 章进行更详细的讨论。

6.4　小结

本章，我们学习了字典、关联数组和数据结构的基础定义。还学习了如何对字典进行初始化，研究了散列表这种数据结构，认识到大多数字典的具体实现都是基于散列表的。我们对字典的各种常用操作和其操作代价进行了讨论。在此之后，我们针对一个非常适合用字典的案例进行了研究。最后，我们学习了字典的两种不同实现——散列表字典和查找树字典。

第 7 章
集合：不包含重复项的数据集

在计算机科学领域中，**集合**（set）通常是一种不包含重复项的简单数据集。然而，在广义的数学领域中，集合是一种抽象数据结构，它可被描述为一种由无特定顺序的不同对象或值所构成的数据集。为了方便接下来的讨论，我们把集合认为是一种数学有限集合的计算机实现。

当在处理适用集合理论的问题时，集合这种数据结构能够为具有相似元素的数据集提供一组强大的工具，可以将这些数据集进行合并操作，或检查它们之间的关系。然而，除了适用于集合理论，集合这种数据结构还提供了日常应用所需的功能。比如，由于集合具有不包含重复项的特性，因此对于维护和编辑一个由唯一元所构成的数据集，使用集合来进行存储会非常好用。相似，如果需要将一个已有数据集中的重复项去除，集合数据结构的大多数实现都允许从数组集中创建一个新集合，这样做会自动地过滤掉这些重复项。总体来说，集合是一种相对简单的数据结构，且能提供很强大的数据分析功能。

本章将涵盖以下主要内容：

- 集合的数据结构定义；
- 集合论；
- 集合的初始化；
- 集合的常见操作；
- 案例回顾——用户登录到一个 Web 服务；
- 案例学习——音乐播放列表；
- 散列表集合；
- 树集合；
- 数组集合。

7.1　集合论

　　集合的概念相对简单，但由于它源于数学，因此集合在实际的具体实现中可能会有些令人难以理解。集合这种数据结构是以**集合论**（**set theory**）为基础建立的，因此，为了充分理解这种数据结构，有必要对集合论的一些特征和功能进行了解。

　　集合论是研究集合（由一堆抽象对象构成的整体）的一个数学分支。虽然集合论是数学中的一个主要研究领域，有许多相互关联的子领域，但本节只需研究可将集合互相联合和关联起来的 5 种运算即可，以便于理解集合的数据结构。

- **并集**（**union**）。并集是可将集合互相关联起来的基础运算之一。一组 n 个集合的并集是这些集合的所有元素构成的集合，而不包含其他元素。这意味着，若把集合 A 和 B 并在一起，则得到的并集中只含有集合 A 和 B 中的唯一元。如果一个元素同时存在于集合 A 和 B 中，则该元素只会在并集中出现一次。使用 $A \cup B$ 符号来表示集合 A 和 B 的*并集*。图 7-1 展示了两个集合的并集。

- **交集**（**intersection**）。交集是第二个可将集合互相关联起来的基础运算。n 个集合的交集是含有所有这些集合共有的元素、而没有其他元素的集合。因此，若对集合 A 和 B 求交集，则得到的集合中只会包含同时出现在集合 A 和 B 中的元素，不会出现任何只存在于集合 A 或 B 中的元素。使用 $A \cap B$ 符号来表示集合 A 和 B 的交集。图 7-2 展示了两个集合的交集。

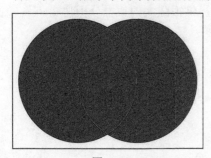 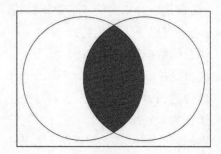

　　　　　　图 7-1　　　　　　　　　　　　　　　　　图 7-2

- **对称差**（**difference**）。对称差是交集的反运算。n 个集合的对称差是由只属于这 n 个集合中的其中一个集合，而不属于另一个集合的元素组成的集合。若对集合 A 和 B 求对称差，则得到的集合只包含仅存在于集合 A 和 B 中的元素，不会出现任何属于集合 A 和 B 交集的元素。使用 $A \triangle B$ 符号来表示集合 A 和 B 的对称差。图 7-3 的文氏图展示了两个集合的对称差。

- **补集**（**compliment**）。集合 A 在 B 中的补集，或称为**相对补集**（**relative compliment**），

是由所有属于集合 B 但不属于集合 A 的元素组成的集合。若要求集合 A 在 B 中的补集，得到的集合只会包含仅存在于集合 B 的元素。不会出现任何存在于集合 A 中的元素。使用 B\A 符号来表示集合 A 关于集合 B 的相对补集。图 7-4 展示了两个集合的补集。

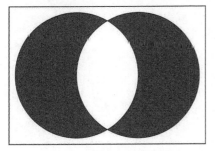

图 7-3

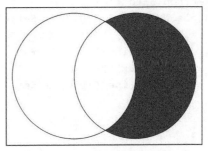

图 7-4

- **子集（subset）**。子集是最后一个可将集合互相关联起来的基础运算。子集运算可用来确定集合 A 是否为集合 B 的子集，或者集合 B 是否为集合 A 的**超集**（superset）。若一个集合是另个集合的子集，这种关系称作**包含于**（inclusion）。换个角度，也可认为一个集合是另一个集合的超集，则这种关系称为**包含**（containment）。在图 7-5 中，A 是 B 的子集，或 B 是 A 的超集。使用 A⊂B 符号来表示集合 A 是 B 的子集，或用符号 B⊃A 来表示集合 B 是 A 的超集。

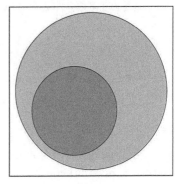

图 7-5

7.2　集合的初始化

集合在开发中不是很常见，但我们在此研究的每种语言都为这种数据结构提供了某种形式上的具体实现。接下来是一些具体的示例，展示了集合的初始化、在数据集中增加一些含有重复项的值以及在以上每一步操作后都向控制台输出集合当前计数的操作等。

C#

C#通过 HashSet<T>类提供了集合数据结构的一种具体实现。由于该类是泛型的，因此调用方需要对集合内元素的数据类型进行定义。在下面的例子中，我们将会初始化一个具有 string 类型元素的新集合。

```
HashSet<string, int> mySet = new HashSet<string>();
mySet.Add("green");
Console.WriteLine("{0}", mySet.Count);
mySet.Add("yellow");
Console.WriteLine("{0}", mySet.Count);
mySet.Add("red");
Console.WriteLine("{0}", mySet.Count);
mySet.Add("red");
Console.WriteLine("{0}", mySet.Count);
mySet.Add("blue");
Console.WriteLine("{0}", mySet.Count);

/*输出结果:
1
2
3
3 这是由于数据集中已含有"red"
4
*/
```

Java

Java 提供了 HashSet<E>类，以及其他可以用来实现 Set<E>接口的类。本章只用 HashSet<E>类来进行举例。

```
HashSet<String> mySet = new HashSet< >();
mySet.add("green");
System.out.println(mySet.size());
mySet.add("yellow");
System.out.println(mySet.size());
mySet.add("red");
System.out.println(mySet.size());
mySet.add("red");
System.out.println(mySet.size());
mySet.add("blue");
System.out.println(mySet.size());

/*输出结果:
1
2
3
3 这是由于数据集中已含有"red"
4
*/
```

Objective-C

Objective-C 为集合数据结构同时提供了不可变的 `NSSet` 类和可变的 `NSMutableSet` 类。本章只对可变的类进行深入学习。

```
NSMutableSet *mySet = [NSMutableSet set];
[mySet addObject:@"green"];
NSLog(@"%li", (long)[mySet count]);
[mySet addObject:@"yellow"];
NSLog(@"%li", (long)[mySet count]);
[mySet addObject:@"red"];
NSLog(@"%li", (long)[mySet count]);
[mySet addObject:@"red"];
NSLog(@"%li", (long)[mySet count]);
[mySet addObject:@"blue"];
NSLog(@"%li", (long)[mySet count]);

/*输出结果:
1
2
3
3 这是由于数据集中已含有"red"
4
*/
```

Swift

Swift 使用 `Set` 类来创建集合。在 Swift 中，当使用 `var` 将集合作为**变量**（**variable**）进行初始化时，该集合为可变的；也可使用 `let` 将集合作为**常量**（**constant**）进行初始化，此时该集合为不可变的。本章只对可变集合进行深入学习。

```
let mySet: Set<String> = Set<String>()
mySet.insert(@"green")
print(mySet.count)
mySet.insert(@"yellow")
print(mySet.count)
mySet.insert(@"red")
print(mySet.count)
mySet.insert(@"red")
print(mySet.count)
mySet.insert(@"blue")
```

```
print(mySet.count)

/*输出结果:
1
2
3
3 这是由于数据集中已含有"red"
4
*/
```

集合的操作

　　并不是集合的所有实现都有着同样的操作方法。然而，开发人员一般会选择通用的操作，或根据其需要对这些操作进行改编。在学习这些操作时，你可以注意到开发语言中对这些操作的描述与之前所学的集合论非常相似。你会发现大多数的集合数据结构在功能上通常与集合论非常一致。

- **增加**（**add**）。增加操作有时又称为插入操作，只有在数据集中不存在被插入对象时才能将该对象增加至当前数据集。该功能可以防止数据集中被加入重复的对象，是集合相较于其他多种数据结构的核心优势之一。该功能在集合中的大多数实现都会返回一个布尔值，用于表示被插入的元素是否已被加入至数据集中。增加操作的代价为 $O(n)$。
- **删除**（**remove**）。删除操作也称作移除操作，该操作允许调用方从数据集中删除一个已有的值或对象。该功能在集合中的大多数实现都会返回一个布尔值，用于表示删除操作是否成功。删除操作的代价为 $O(n)$。
- **容量**（**capacity**）。该操作会返回当前集合所能容纳对象的最大值。由于本书所讲的 4 种语言中的可变集合会根据需要动态地调整其大小，因此开发人员不见得会在这些语言中见到这种操作。但是，某些实现会将集合限制为其定义的大小。容量操作的代价为 O(1)。
- **并集**（**union**）。并集运算会返回一个新集合，该集合含有两个或多个集合的唯一元。因此，该操作在最坏情况下的代价为 $O(n+m)$，其中 n 和 m 分别代表两个集合的大小。
- **交集**（**intersection**）。交集运算会返回由两个或多个集合共有元素构成的集合。这意味着，如果有两个集合参与了该运算，则只会得到由同时存在于这两个集合的元素所构成的集合。交集运算的代价为 $O(n \times m)$，其中 n 和 m 分别代表两个集合的大小。有意思的是，如果试图在多个（不小于 3 个）集合上进行交集运算，则运算代价会变为 $(n-1) \times O(L)$，其中 n 为参与计算的集合数量，L 为参与运算的最大集合的长度。显然，这个运算的代价非常高，对多个集合同时进行该操作会非常容易失控。

- **对称差**（**difference**）。对称差运算是交集运算的反运算，它会返回一个含有每个集合独有元素的集合。该操作的代价为 $O(m)$，其中 m 为参与运算的两个集合中长度较小的值。
- **子集**（**subset**）。子集运算会返回一个布尔值，用于表示集合 A 是否为集合 B 的子集。若集合 A 为集合 B 的一个子集，则集合 A 中的所有元素都必须属于集合 B。如果集合 A 只有一部分包含于集合 B，则集合 A 和 B 存在交集，但 A 不为 B 的子集。该操作的代价为 $O(m)$，其中 m 为集合 A 的大小。
- **计数**（**count**）。计数操作会返回特定集合的基数（cardinality），是集合论中用于描述集合包含元素数量的术语。计数一般为数据集的一个简单属性，其代价为 $O(1)$。
- **判断当前集合是否为空**（**isEmpty**）。该操作会返回一个布尔值，用于表示当前集合是否不含有任何元素。某些实现会提供一个对应的 `isFull` 操作，但一般仅针对那些容量被限制为特定值的集合实例。`isEmpty` 和 `isFull` 操作的代价均为 $O(1)$。

7.3　案例回顾：用户登录到一个 Web 服务

让我们重新回顾一下第 2 章中用户登录到一个 Web 服务的例子。这次我们将使用集合来代替数组和表作为该示例的底层数据结构，看看代码会如何变化。

C#

在这个示例中，我们用 `HashSet<User>` 对象代替 `List<User>` 对象。除了 `CanAddUser(User)` 方法以外，大部分代码都保持不变。该方法原本通过确保数据集有足够空间存放新加入的对象以及此数据集不含有该对象，来对用户认证操作进行验证。使用集合的话，由于该数据结构的内在特性能够防止数据集中被加入重复项，因此可不用进行上述第二步的验证。只需要对这个类进行容量检查这一项验证，我们便可在 `UserAuthenticated(User)` 功能中对该验证进行集成。此外，由于 `HashSet<T>.Add(T)` 在顺利执行后会返回 `true`，在集合中已存在待添加的对象时会返回 `false`，因此可以很方便地对该操作的执行情况进行报告。

```
public class LoggedInUserSet
{
    HashSet<User> _users;

    public LoggedInUserSet()
    {
        _users = new HashSet<User>();
```

```csharp
    }

    public bool UserAuthenticated(User user)
    {
        if (_users.Count < 30)
        {
            return _users.Add(user);
        }
        return false;
    }

    public void UserLoggedOut(User user)
    {
        _users.Remove(user);
    }
}
```

Java

Java 示例中的改动和 C# 示例中的几乎一样。同样，我们用 HashSet<User> 对象代替 List<User> 对象。会发现除了 canAddUser(User) 方法以外，大部分代码都保持不变。Java 中的 HashSet<E> 类是基于集合数据结构的，并对 Set<E> 接口进行了实现，这免去了为确保当前数据集不含有待添加对象而进行的验证操作。由于类只需要进行容量检查这一项验证，便可在 userAuthenticated(User) 功能中对该验证进行集成。此外，由于 HashSet<E>.add(E) 在顺利执行后会返回 true，在集合中已存在待添加的对象时会返回 false，因此可以很方便地对该操作的执行情况进行报告。

```java
HashSet<User> _users;

public LoggedInUserSet()
{
    _users = new HashSet<User>();
}

public boolean userAuthenticated(User user)
{
    if (_users.size() < 30)
    {
        return _users.add(user);
    }
    return false;
```

```
}

public void userLoggedOut(User user)
{
    _users.remove(user);
}
```

Objective-C

Objective-C 示例中的改动带来了一些很有意思的结果。即便我们用 NSMutableSet 数据集替换了 NSMutableArray，但大部分代码还是保持了原样，包括 addObject:仍然不会返回一个用来表示其操作成功与否的布尔值。这是因为 addObject:本身并不会返回任何值，若要在 userAuthenticated:中加入这个返回值，则必须在调用 addObject:之前执行 containsObject:。由于本示例的目的是用集合来消除添加新对象之前的重复项检查，因此再引入这个功能会带来更高的操作代价，并且完全违背了我们的初衷。

```
@interface EDSLoggedInUserSet()
{
    NSMutableSet *_users;
}
@end

@implementation EDSLoggedInUserSet
-(instancetype)init
{
    if (self = [super init])
    {
        _users = [NSMutableSet set];
    }
    return self;
}

-(void)userAuthenticated:(EDSUser *)user
{
    if ([_users count] < 30)
    {
        [_users addObject:user];
    }
}

-(void)userLoggedOut:(EDSUser *)user
{
```

```
    [_users removeObject:user];
}
```

Swift

Swift 示例中的改动与 Objective-C 的几乎一样。同样，我们用集合代替了原来的数组，并且 Swift 中的集合与 Objective-C 中集合的功能基本一致。Swift 最终的代码更加简短，但并不提供与 C#和 Java 示例中完全一样的功能。

```
var _users: Set<User> = Set<User>()
public func userAuthenticated(user: User)
{
    if (_users.count < 30)
    {
        _users.insert(user)
    }
}

public func userLoggedOut(user: User)
{
    if let index = _users.indexOf(user)
    {
        _users.removeAtIndex(index)
    }
}
```

代码契约（contract）

再仔细看看用户登录到一个 Web 服务这个业务问题的 3 个解决方案，你会发现每种解决方案都共用了所有的公开方法。在基于数组、表和集合的实现中，除了由于开发语言不同所造成的方法名称差异以外，都有 UserAuthenticated() 和 UserLoggedOut() 这两个公开方法。如果我们只选择一种最符合需求的方案来进行实现，显然不存在什么问题。但是，如果为了适应不同的运行条件，需要在解决方案中保留上述所有类时，又会怎么样呢？

现实中，多个类共享同名公开方法的现象十分常见，但这些类或方法在底层的功能实现却完全不同。如果只是简单地创建 3 个（或多个）完全独立的实现，会给程序带来代码异味。这是因为，当需要用到一个特定实现的时候，我们都必须通过其名称对它进行调用，这就意味着我们事先要清楚哪些类和实现是可用的。此外，尽管代码可能工作正常，但这会使代码变得较为脆弱，降低了它的可扩展性，难以进行长期维护。

一种更好的方案是为每一个类的实现定义契约（contract）。即在 C#或 Java 中定义接口（interface），在 Objective-C 和 Swift 中定义协议（protocol）。以上两种模式的区别主要是语义上的，它们两者都要向调用方提供方法的名称、方法的期望以及方法会返回什么。这种模式可以大大简化类的结构，并增强程序的功能。

7.4　案例学习：音乐播放列表

［业务问题］某个音乐流媒体服务希望能为用户提供更好的收听体验。当前的用户播放列表只是一个简单的歌曲数据集，并不提供过滤和排序功能。内容管理团队听取了用户的建议，安排开发团队去设计一个更好用的播放列表。

这个新的播放列表工具有以下几个关键需求：有歌曲的添加和删除等基本功能、能分辨播放列表是否为空的功能和能报告播放列表中歌曲总数的功能。对于没有购买高级服务的普通用户，他们在列表中歌曲的总数会被限制为 100 首，因此新编写的这个播放列表还应具有设定歌曲容量、判断当前歌曲总数是否超过该容量的限制这两项功能。

此外，许多高级用户的播放列表都存放有上千首歌曲，以便于在骑行、洗衣服等多种场景中欣赏音乐。对于这部分用户，播放列表工具还应具有一些高级分析和编辑的功能。首先，新的播放列表必须提供一种能够轻松合并播放列表的功能，由于我们不希望存放在两个播放列表中的相同曲目经合并后重复出现，因此该功能必须能够防止出现重复曲目。其次，播放列表应能够轻易地分辨被合并的两个播放列表中哪些曲目会重复，哪些曲目不会。最后，某些用户还希望能够了解这些播放列表的更多信息，比如该播放列表是否为另一个列表的一部分。基于上述需求，开发人员认为集合能高效地对所要求的播放列表进行描述，因此决定基于集合这种数据结构来进行类核心功能的开发。

C#

C#提供了泛型集合 HashSet<T>。该类提供了我们在一个集合的具体实现中所期待的所有基础操作，同时还具有泛型类型转换的附加优势。

```
HashSet<Song> _songs;
public Int16 capacity { get; private set; }
public bool premiumUser { get; private set; }
public bool isEmpty
{
    get
    {
        return _songs.Count == 0;
```

```
        }
    }

    public bool isFull
    {
        get
        {
            if (this.premiumUser)
            {
                return false;
            }
            else
            {
                return _songs.Count == this.capacity;
            }
        }
    }

    public PlaylistSet(bool premiumUser, Int16 capacity)
    {
        _songs = new HashSet<Song>();
        this.premiumUser = premiumUser;
        this.capacity = capacity;
    }
```

　　示例中使用 HashSet<T>接口对类创建了一个名为_songs 的私有字段。构造函数对该字段进行实例化，并提供了便于构建 PlaylistSet 类的底层数据结构。示例还创建了 4 个公共字段 capacity、premiumUser、isEmpty 和 isFull。capacity 字段用于存放非高级用户的播放列表最多能容纳的曲目数量，premiumUser 用于描述该列表是否属于某个高级用户，isEmpty 和 isFull 字段允许类能够方便地实现与它们同名的两个操作。isEmpty 字段仅返回一个用于表示当前集合计数是否为 0 的布尔值。isFull 字段首先会检查当前列表是否属于某个高级用户，如果为 true，由于允许高级用户在播放列表中存放不限量的曲目，因此该数据集永远都不会受到限制。如果该列表不属于高级用户，则会保证_songs 的当前计数不超过列表容量的限制，并返回它们的比较值。

```
    public bool AddSong(Song song)
    {
        if (!this.isFull)
        {
            return _songs.Add(song);
        }
    }
```

```
        return false;
    }
```

AddSong(Song song)方法为 PlaylistSet 类提供了添加功能。该方法首先会确认当前数据集是否达到容量限制。若达到了容量限制，该方法会返回 false，则不能再向列表中添加任何曲目。否则，该方法会返回 HashSet<T>.Add(T) 的结果。若 song 成功被添加则返回 true，说明播放列表之前并不含有这首曲目。

```
public bool RemoveSong(Song song)
{
    return _songs.Remove(song);
}
```

RemoveSong(Song song)方法为 PlaylistSet 类提供了删除功能。该方法仅返回 HashSet<T>.Remove(T) 的结果，若播放列表含有这首曲目，则返回 true，否则返回 false。

```
public void MergeWithPlaylist(HashSet<Song> playlist)
{
    _songs.UnionWith(playlist);
}
```

MergeWithPlaylist(HashSet<Song> playlist)方法为 PlaylistSet 类提供了并集功能。幸运的是，HashSet<T>通过 Union(HashSet<T>)方法公开了并集功能，因此该方法只需对其进行调用即可。在这个示例中，Union()会把当前已存在的_songs 列表与 playlist 参数合并。

```
public HashSet<Song> FindSharedSongsInPlaylist(HashSet<Song> playlist)
{
    HashSet<Song> songsCopy = new HashSet<Song>(_songs);
    songsCopy.IntersectWith(playlist);
    return songsCopy;
}
```

接下来，FindSharedSongsInPlaylist(HashSet<Song> playlist) 方法为 PlaylistSet 类提供了交集功能。该方法使用了 HashSet<T>提供的 IntersectWith (HashSet<T>)方法。注意到该方法并不会对传入的播放列表进行直接修改，而是返回一个当前列表与 playlist 参数的交集。这样做的原因是将多个列表中单独存在的曲目直接删除没多大意义。反而，该方法能够用于整个程序的其他函数中，来获取集合的信息。

由于我们不对已存在的列表进行直接修改，而是返回交集的信息，因此该方法首先会使用重载的 HashSet<T>对象对 _songs 集合进行复制。然后该方法会对这个副本进行修改，并返回交集的结果。

```
public HashSet<Song> FindUniqueSongs(HashSet<Song> playlist)
{
    HashSet<Song> songsCopy = new HashSet<Song>(_songs);
    songsCopy.ExceptWith(playlist);
    return songsCopy;
}
```

FindUniqueSongs(HashSet<Song> playlist)为 PlaylistSet 类提供了对称差功能，其工作方式与上一个方法非常类似。该方法并不直接修改已存在的集合，而是在该集合的副本上执行它与 playlist 参数的 ExceptWith()操作，并将结果返回。

```
public bool IsSubset(HashSet<Song> playlist)
{
    return _songs.IsSubsetOf(playlist);
}

public bool IsSuperset(HashSet<Song> playlist)
{
    return _songs.IsSupersetOf(playlist);
}
```

IsSubset(HashSet<Song> playlist)和 IsSuperset(HashSet<Song> playlist)方法为 PlaylistSet 类提供了其名称所暗示的功能。这些方法分别使用 HashSet<T>.IsSubSetOf(HashSet<T>)和 HashSet<T>.IsSuperSetOf(HashSet<T>)方法，并返回一个用于表示比较结果的布尔值。

```
public int TotalSongs()
{
    return _songs.Count;
}
```

最后，TotalSongs()方法通过返回_songs 集合中所有元素的总数，为 PlaylistSet 类提供了计数功能。

Java

Java 提供了实现 Set<E>接口的泛型集合 HashSet<E>。该类提供了我们在一个集合的具体实现中所期待的所有基础操作，同时还具有泛型类型转换的附加优势。

```
private HashSet<Song> _songs;
public int capacity;
public boolean premiumUser;
public boolean isEmpty()
{
    return _songs.size() == 0;
}

public boolean isFull()
{
    if (this.premiumUser)
    {
        return false;
    }
    else {
        return _songs.size() == this.capacity;
    }
}

public PlaylistSet(boolean premiumUser, int capacity)
{
    _songs = new HashSet<>();
    this.premiumUser = premiumUser;
    this.capacity = capacity;
}
```

示例使用 HashSet<E>对类创建一个名为_songs 的私有字段。构造函数对该字段进行实例化，并提供了便于构建 PlaylistSet 类的底层数据结构。示例还创建了 2 个公共字段 capacity 和 premiumUser，以及 2 个访问器 isEmpty()和 isFull()。capacity 字段用于存放非高级用户的播放列表最多能容纳的曲目数量，premiumUser 用于描述该列表是否属于某个高级用户。isEmpty()和 isFull()访问器允许该类能够方便地实现与它们同名的两个操作。这两个访问器与 C#中对应的字段功能完全一致。isEmpty()仅返回一个用于表示当前集合个数是否为 0 的布尔值。isFull()首先会检查当前列表是否属于某个高级用户。如果为 true，由于允许高级用户在播放列表中存放不限量的曲目，因此该数据集永远都不会达到限制。如果为 false，说明该列表不属于高级用户，则会保证_songs 的当前计数不超过列表容量的限制，并返回它们的比较值。

```
public boolean addSong(Song song)
{
    if (!this.isFull())
    {
```

```
        return _songs.add(song);
    }
    return false;
}
```

addSong(Song song)方法为 PlaylistSet 类提供了添加功能。该方法首先会确认当前数据集未达到容量限制。若达到了容量限制，该方法会返回 false，则不能再向列表中添加任何曲目。否则，该方法会返回 HashSet<E>.add(E) 的结果，只有播放列表不含有传入的曲目，且曲目成功被添加时才返回 true。

```
public boolean removeSong(Song song)
{
    return _songs.remove(song);
}
```

removeSong(Song song)方法为 PlaylistSet 类提供了删除功能。该方法仅返回 HashSet<E>.remove(E) 的结果，若播放列表含有这首曲目，则返回 true；否则返回 false。

```
public void mergeWithPlaylist(HashSet<Song> playlist)
{
    _songs.addAll(playlist);
}
```

mergeWithPlaylist(HashSet<Song> playlist)方法为 PlaylistSet 类提供了并集功能，并且该示例从此处开始与 C#的示例有了区别。HashSet<E>公开了我们需要的并集功能，但只有通过调用 HashSet<E>.addAll(HashSet<E>)方法才能实现。该方法接收由 Song 对象组成的集合作为传入参数，并试图将该集合中的每一个对象添加至_songs 集合中。若待添加的 Song 元素已存在于_songs 集合中，则该元素不会被添加，最后只剩下这两个集合的并集。

```
public HashSet<Song> findSharedSongsInPlaylist(HashSet<Song> playlist)
{
    HashSet<Song> songsCopy = new HashSet<>(_songs);
    songsCopy.retainAll(playlist);
    return songsCopy;
}
```

findSharedSongsInplaylist(HashSet<Song>playlist)方法为 PlaylistSet 类提供了交集功能。HashSet<E>未直接公开交集的功能。该方法使用 HashSet<E>.retainAll(HashSet<E>)方法保留_songs 集合中存在于传入参数 playlist 中的全

部元素，即这两个集合的交集。同 C#的示例一样，该方法并不对 _songs 集合直接进行修改，而是返回 _songs 副本和传参 playlist 的交集。

```java
public HashSet<Song> findUniqueSongs(HashSet<Song> playlist)
{
    HashSet<Song> songsCopy = new HashSet<>(_songs);
    songsCopy.removeAll(playlist);
    return songsCopy;
}
```

findUniqueSongs(HashSet<Song> playlist)方法为 PlaylistSet 类提供了对称差功能。HashSet<E>通过 removeAll(HashSet<E>)方法间接地公开了对称差功能。removeAll()方法会删除同时存在于 _songs 和传参 playlist 集合中的元素。同样的，该方法不会对已存在的集合直接进行修改，而是返回 _songs 副本和传参 playlist 的对称差。

```java
public boolean isSubset(HashSet<Song> playlist)
{
    return _songs.containsAll(playlist);
}
```

```java
public boolean isSuperset(HashSet<Song> playlist)
{
    return playlist.containsAll(_songs);
}
```

IsSubset(HashSet<Song>playlist)和 isSuperset(HashSet<Song> playlist)方法为 PlaylistSet 类提供了与其名称相同的功能。这两个方法使用 HashSet<E>.containsAll(HashSet<E>)方法返回一个表示比较结果的布尔值。由于 HashSet<E>没有针对子集和超集分别提供对应的比较器，因此这些方法仅交换了源集合和传入参数的位置来进行相应的比较。

```java
public int totalSongs()
{
    return _songs.size();
}
```

最后，totalSongs()方法通过使用数据集的 size()方法，返回 _songs 集合中元素的数量，为 PlaylistSet 类提供了计数功能。

Objective-C

Objective-C 提供 NSSet 和 NSMutableSet 类簇作为集合数据结构的具体实现。这些类簇提供了我们在一个集合的具体实现中所期待的所有基础操作。另外，那些未提供的显式函数也非常容易实现，这使 Objective-C 的实现显得较为直观。

```objectivec
@interface EDSPlaylistSet()
{
    NSMutableSet<EDSSong*>* _songs;
    NSInteger _capacity;
    BOOL _premiumUser;
    BOOL _isEmpty;
    BOOL _isFull;
}
@end

@implementation EDSPlaylistSet

-(instancetype)playlistSetWithPremiumUser:(BOOL)isPremiumUser
andCapacity:(NSInteger)capacity
{
    if (self == [super init])
    {
        _songs = [NSMutableSet set];
        _premiumUser = isPremiumUser;
        _capacity = capacity;
    }
    return self;
}

-(BOOL)isEmpty
{
    return [_songs count] == 0;
}

-(BOOL)isFull
{
    if (_premiumUser)
    {
        return NO;
    }
    else
```

```
    {
        return [_songs count] == _capacity;
    }
}
```

示例中使用 NSMutableSet 为类创建了一个名为 _songs 的私有实例变量。初始化器将这个字段进行初始化，并提供了便于构建 EDSPlaylistSet 类的底层数据结构。示例还在头文件中创建了 4 个公共属性：capacity、premiumUser、isEmpty 和 isFull，并以同名的私有实例变量对其提供支持。Capacity 属性用于存放非高级用户的播放列表最多能容纳的曲目数量，而 premiumUser 用于描述该列表是否属于某个高级用户。isEmpty 和 isFull 属性允许该类方便地实现与它们同名的两个操作。isEmpty 属性仅返回一个用于表示当前集合计数是否为 0 的布尔值。isFull 属性首先会检查当前列表是否属于某个高级用户。如果为 true，由于允许高级用户在播放列表中存放不限量的曲目，因此该数据集永远都不会受到限制。如果该列表不属于高级用户，则会保证 _songs 的当前计数不超过列表容量的限制，并返回它们的比较值。

```
-(BOOL)addSong:(EDSSong*)song
{
    if (!_isFull && ![_songs containsObject:song])
    {
        [_songs addObject:song];
        return YES;
    }
    return NO;
}
```

addSong:方法为 EDSPlaylistSet 类提供了添加功能。该方法首先会确认当前数据集是否达到容量限制，并进一步确认被添加的对象是否存在于 _songs 数据集中。若未通过以上两个验证，说明当前数据集容量已满或数据集已含有要添加的曲目，该方法会返回 NO。否则，方法会调用 addObject:并返回 YES。

```
-(BOOL)removeSong:(EDSSong*)song
{
    if ([_songs containsObject:song])
    {
        [_songs removeObject:song];
        return YES;
    }
    else
```

```
    {
        return NO;
    }
}
```

　　removeSong:方法为 EDSPlaylistSet 类提供了删除功能。该方法先确认当前数据集中是否含有需被删除的曲目，若含有则调用 removeObject:将该曲目删除，最后返回YES。若当前数据集中不含有需删除的曲目，则方法返回 NO。

```
-(void)mergeWithPlaylist:(NSMutableSet<EDSSong*>*)playlist
{
    [_songs unionSet:playlist];
}
```

　　mergeWithPlaylist:方法为 EDSPlaylistSet 类提供了并集功能。幸运的是，NSSet 通过 unionSet:方法公开了并集功能，因此我们的这个方法仅对其进行调用就可以实现功能。在本示例中，unionSet:会将已有的_songs 列表与传参 playlist 合并。

```
-(NSMutableSet<EDSSong*>*)findSharedSongsInPlaylist:
(NSMutableSet<EDSSong*>*)playlist
{
    NSMutableSet *songsCopy = [NSMutableSet setWithSet:_songs];
    [songsCopy intersectSet:playlist];
    return songsCopy;
}
```

　　接下来，findSharedSongsInplaylist:为 EDSPlaylistSet 类提供了交集功能。同样的，NSSet 通过 intersectSet:方法公开了交集功能。与 C#的示例一样，我们并不对_songs 直接进行修改，而是返回_songs 的副本与传参 playlist 的交集。

```
-
(NSMutableSet<EDSSong*>*)findUniqueSongs:(NSMutableSet<EDSSong*>*)playlist
{
    NSMutableSet *songsCopy = [NSMutableSet setWithSet:_songs];
    [songsCopy minusSet:playlist];
    return songsCopy;
}
```

　　findUniqueSongs:为 EDSPlaylistSet 类提供了对称差功能。同样的，NSSet通过 minusSet:方法公开了对称差功能。该方法不对已存在的集合直接进行修改，而是返回_songs 的副本与传参 playlist 的对称差。

```
-(BOOL)isSubset:(NSMutableSet<EDSSong*>*)playlist
{
```

```
    return [_songs isSubsetOfSet:playlist];
}

-(BOOL)isSuperset:(NSMutableSet<EDSSong*>*)playlist
{
    return;
}
```

isSubset:和 isSuperset:为 EDSPlaylistSet 类提供了与其名称相对应的功能。这两个方法与 Java 示例中使用 Set<E>接口的 containsAll(HashSet<E>)方法类似，使用 NSSet 中的 isSubsetOfSet:方法来对功能进行实现。

```
-(NSInteger)totalSongs
{
    return [_songs count];
}
```

最后，totalSongs 方法通过返回 _songs 集合中所有元素的数量，为 EDSPlaylistSet 类提供了计数功能。

Swift

Swift 提供了 Set 类作为集合数据结构的一种具体实现。该类不仅提供了我们在一个集合的具体实现中所期待的所有基础操作，还提供了一些额外功能，这使 Swift 的实现更加简洁。

```
var _songs: Set<Song> = Set<Song>()
public private(set) var _capacity: Int
public private(set) var _premiumUser: Bool
public private(set) var _isEmpty: Bool
public private(set) var _isFull: Bool

public init (capacity: Int, premiumUser: Bool)
{
    _capacity = capacity
    _premiumUser = premiumUser
    _isEmpty = true
    _isFull = false
}
public func premiumUser() -> Bool
{
    return _premiumUser
```

```
}

public func isEmpty() -> Bool
{
    return _songs.count == 0
}

public func isFull() -> Bool
{
    if (_premiumUser)
    {
        return false
    }
    else
    {
        return _songs.count == _capacity
    }
}
```

示例使用 Set 为类创建了一个名为_songs 的私有实例变量，并在声明处就对其进行了初始化，提供了便于构建 PlaylistSet 类的底层数据结构。该示例还创建了 4 个公共字段：capacity、premiumUser、isEmpty 和 isFull，还创建了用于后 3 个字段的公共访问器。capacity 字段用于存放非高级用户的播放列表最多能容纳的曲目数量，premiumUser 用于描述该列表是否属于某个高级用户。isEmpty 和 isFull 字段允许该类方便地实现与它们同名的两个操作。isEmpty() 字段仅返回一个用于表示当前集合计数是否为 0 的布尔值。isFull() 字段首先会检查当前列表是否属于某个高级用户，如果为 true，由于允许高级用户在播放列表中存放不限量的曲目，因此该数据集永远都不会达到限制；如果该列表不属于高级用户，则会保证_songs 的当前计数不超过列表容量的限制，并返回它们的比较值。

```
public func addSong(song: Song) -> Bool
{
    if (!_isFull && !_songs.contains(song))
    {
        _songs.insert(song)
        return true
    }
    return false
}
```

addSong(song: Song)方法为 PlaylistSet 类提供了添加功能。该方法首先会确认当前数据集未达到容量限制，并进一步确认被添加的对象不存在于 _songs 数据集中。若未通过以上两个验证，说明当前数据集容量已满，或数据集已含有要添加曲目，该方法会返回 false。否则，方法会调用 insert()并返回 true。

```
public func removeSong(song: Song) -> Bool
{
    if (_songs.contains(song))
    {
        _songs.remove(song)
        return true
    }
    else
    {
        return false
    }
}
```

removeSong(song: Song)方法为 PlaylistSet 类提供了删除功能。该方法先确认当前数据集中含有需被删除的曲目，然后再调用 remove()将该曲目删除，最后返回 true。若当前数据集中不含有需删除的曲目，则方法返回 false。

```
public func mergeWithPlaylist(playlist: Set<Song>)
{
    _songs.unionInPlace(playlist)
}
```

mergeWithPlaylist(playlist: Set<Song>)方法为 PlaylistSet 类提供了并集功能。幸运的是，Set 通过 unionInPlace()方法公开了并集功能，因此这个方法仅对其进行调用就可以实现并集功能。在本示例中，unionInPlace()会将已有的 _songs 列表与传参 playlist 合并。

```
public func findSharedSongsInPlaylist(playlist: Set<Song>) -> Set<Song>
{
    return _songs.intersect(playlist)
}
```

findSharedSongsInplaylist(playlist: Set<Song>)为 PlaylistSet 类提供了交集功能。Set 通过 intersect()方法公开了交集功能。intersect()方法不对 _songs 直接进行修改，而是返回 _songs 的副本与传参 playlist 的交集，因此我们的方法仅调用 intersect()并返回其结果即可。

```
public func findUniqueSongs(playlist: Set<Song>) -> Set<Song>
{
    return _songs.subtract(playlist)
}
```

findUniqueSongs(playlist: Set<Song>)为 PlaylistSet 类提供了对称差功能。Set 通过 subtract() 方法公开了对称差功能。subtract() 方法不对 _songs 直接进行修改，而是返回 _songs 的副本与传参 playlist 的对称差，因此我们的方法仅调用 subtract() 并返回其结果即可。

```
public func isSubset(playlist: Set<Song>) -> Bool
{
    return _songs.isSubsetOf(playlist)
}

public func isSuperset(playlist: Set<Song>) -> Bool
{
    return _songs.isSupersetOf(playlist)
}
```

isSubset(playlist: Set<Song>)和 isSuperset(playlist: Set<Song>)为 PlaylistSet 类提供了与其名称相对应的功能。这两个方法分别使用 isSubSetOf()和 isSuperSetOf()方法，并返回一个布尔值来表示上述比较的结果。

```
public func totalSongs() -> Int
{
    return _songs.count;
}
```

最后，totalSongs()方法通过返回 _songs 集合中所有元素的数量，为 PlaylistSet 类提供了计数功能。

7.5　高级话题

我们已经研究了如何在普通应用程序中使用集合，接下来我们将探究一下集合在底层是如何实现的。绝大多数集合都可分为散列表集合、树集合和数组集合这 3 类。

7.5.1　散列表集合

散列表集合常用于非顺序数据集。因此，对于普通的应用程序而言，它们所使用的大多数集合都是散列表集合。散列表集合与字典的操作代价相当。比如，其搜索、插入及删除操作的代价均为 $O(n)$。

7.5.2 树集合

树集合通常基于二叉查找树，但有时也可以基于其他结构。二叉查找树由于其特殊的设计，通常能够进行平均意义上的高效查找，因为对于检查的每一个节点而言，都可将其分支从剩余的查找模式中删除。虽然二叉查找树在最坏情况下查找操作的代价为 $O(n)$，但在实际中很少会出现这种情况。

7.5.3 数组集合

在经过适当组织的数组集合中，数组可更高效地实现集合的子集、并集、交集和对称差操作。

7.6 小结

本章我们学习了集合数据结构的基本定义。该数据结构是基于集合论的，为了更好地理解其功能，本章简要地介绍了集合论中最基础的几个法则。在此之后，我们了解了集合最常用的几种操作，以及它们与集合论之间的关系。然后，我们学习了如何通过本书所研究的这 4 种开发语言对集合进行实现。接下来，我们回顾了用户登录到一个 Web 服务这个问题，看看能否用集合来代替数组或表来对实现进行改善。在此之后，我们探讨了一个适用集合的案例。最后，我们学习了集合的多种不同实现，包括散列表集合、树集合和数组集合。

第 8 章
结构体：更为复杂的数据类型

结构体（struct）由一组数据变量或数据值组成，这些数据变量和数据值组合存放在单一的内存块中。鉴于数据结构通常是某种由彼此相关的对象组成的数据集，因此结构体也被认为是一种数据结构，但其实它更像是一种复杂的数据类型。这个定义听起来比较简单，但不要被表象所欺骗。结构体这个知识实际上非常复杂，本书所用的 4 种开发语言都对结构体的支持有其独特之处。

本章将涵盖以下主要内容：

- 结构体的定义；
- 结构体的创建；
- 常见的结构体应用；
- 每种开发语言中的结构体示例；
- 枚举类型。

8.1　基本要点

由于开发语言对结构体的支持不尽相同，本章我们将通过另一种形式对结构体进行讲解。我们将对结构体进行研究，并同时在每一种开发语言中进行案例学习，而不是将结构体作为一个整体放在同一个案例中进行学习。这将使我们有机会在适当的情况下研究结构体在不同开发语言中的细微差别。

8.1.1　C#

在 C#中，结构体被定义为一种值类型，用来对一小组相互关联的字段进行封装，这与 C 语言中结构体的底层实现非常类似。然而在实际中，与 C 中的结构体相比，C#的结构体更像是一种通常意义上的类，两者完全不同。比如，我们可以在 C#的结构体中定义方法、字段、属性、常量、索引器、运算符方法、嵌套类型、事件以及构造函数（不是自动定义的默认构造函数），还可以实现一个或多个接口，所有这些都使 C#具有比 C 更高的灵活性。

　　然而，我们并不能把结构体当作一种轻量级的类。C#的结构体不支持继承，也就是说它们不能从已有的类和其他结构体继承而来，也不能派生出其他结构体和类。结构体的成员不能声明为抽象、保护或虚拟类型。与类不同的是，结构体可不用 new 关键字来进行实例化，这样做会使该结构体在它所有字段未完成赋值之前不可用。最后，也可能是最重要的一点，结构体是一种值类型，而类是引用类型。

　　也不用过分强调上述的最后一点，因为它代表了选择结构体而不选择类的关键优势。结构体是值的数据集，它并不存储诸如数组之类对象的引用。因此，当把一个结构体传递给某个方法时，实际是按值进行传递的，而不是引用。此外，根据 MSDN 的文档，结构体作为一种值类型，不需要将其分配到堆内存，因此，结构体在存储和处理方面不用承担像类那样的额外开销。

　　这意味着什么，有什么好处？当使用 new 运算符创建了一个新的类时，返回的对象会被分配在堆内存中。而另一方面，当对某个结构体进行实例化时，它会直接在栈中创建，这会得到性能上的增益，因为栈比堆的内存访问更快。因此在应用程序中使用结构体的策略是一种提升性能的好方法，前提是不对该结构体进行重载而造成栈溢出。

　　现在你也许会问自己，既然结构体如此优秀，为什么还需要类呢？首先，结构体在 C# 中的应用非常有限。根据微软的说法，只有当实例较小、寿命较为短暂，或通常被嵌入至其他对象中时，才可以考虑将该实例的类型从类替换为结构体。此外，在以下准则中，需至少满足其中 3 条，才能定义一个结构体：

- 结构体在逻辑上应表示成一个类似于原始类型的单一值，如整型、双精度浮点类型等；
- 结构体的每个实例都应小于 16 个字节；
- 结构体中的数据一经实例化即应视作不可变的（immutable）；
- 结构体不需重复装箱和开箱。

　　上述准则要求得非常严格。当进一步考虑该如何使用结构体时，前景还会更糟。我们来比较一下结构体与类在功能上的差异：

- 结构体可以对单个组件进行设置和访问——类也可以做到；
- 结构体可以作为函数的传参——类也可以这样使用；
- 结构体可以将其内容通过赋值运算符（=）赋给另一个结构体——这也没什么特别的；
- 函数可以对结构体进行复制，并将它的副本作为返回值进行返回，这样栈中就会有两个结构体。这一点类也可以做到。然而，在这种情况下类实际上比结构体更为优越，这是因为当函数返回类的一个实例时，该对象会被引用传递，因此并不需要创建额外的副本；

- 不能通过相等运算符（==）来判断两个结构体是否相等，这是因为结构体可能包含其他数据。然而类的实例却可以通过相等运算符来进行判断。实际上，若要为结构体实现该功能，需要将两个结构体的字段进行冗长地逐一比较。

若要对上述对比进行打分，我的意见是结构体：4 分，类：5（或 6）分。很显然，类相较于结构体而言，在功能和便利性上灵活度更高，这也就是由 C 语言派生的高级语言通常会通过某些机制可以实现更为复杂对象的原因。

但这并不代表结构体没有价值。虽然结构体的应用场景并不广泛，但针对某些特定情况，结构体也不失为一个良好的工具。

1．在 C# 中创建结构体

在 C# 中创建结构体是一个相当简单的过程。只需要 using System 并通过 struct 关键字声明对象即可。下面是一个具体例子：

```
using System;
public struct MyStruct
{
    private int xval;
    public int X
    {
        get
        {
            return xval;
        }
        set
        {
            if (value < 100)
                xval = value;
        }
    }

    public void WriteXToConsole()
    {
        Console.WriteLine("The x value is: {0}", xval);
    }
}

//用法:
MyStruct ms1 = new MyStruct();
```

```
MyStruct ms2 = MyStruct();

ms.X = 9;
ms.WriteXToConsole();

//输出结果:
//The x value is: 9
```

如同上面的示例所示，该结构体声明中包含一个私有支持字段、一个公开访问器以及一个名为 MyStruct 的两个实例。第一个实例通过 new 关键字进行初始化，而第二个则不是。虽然这两种操作在 C#中都完全合法，但后者需要在结构体的所有字段都完成赋值后才能使用该结构体。若在定义处将 struct 修改为类的话，则不会对第二种初始化器进行编译。

接下来，我们将研究一下第 3 章中的一个示例。在该章的案例学习中，我们建立了一个用于存储一组 Waypoint 对象的列表数据结构。以下是这个 Waypoint 类在 C#中进行具体实现的示例：

```
public class Waypoint
{
    public readonly Int32 lat;
    public readonly Int32 lon;
    public Boolean active { get; private set; }

    public Waypoint(Int32 latitude, Int32 longitude)
    {
        this.lat = latitude;
        this.lon = longitude;
        this.active = true;
    }

    public void DeactivateWaypoint()
    {
        this.active = false;
    }

    public void ReactivateWaypoint()
    {
        this.active = true;
    }
}
```

从上面的例子可以看出 Waypoint 类非常简单。简单到甚至忽略了一个问题，即是否需要用类的开销和资源支撑这么简单的一个数据集，特别是当列表中还含有数百个

Waypoint 对象的时候？能否不需重构便将这个类转换为结构体以提高性能呢？首先，我们需要确定这样做是否可行，然后根据上述的结构体准则再做出决定。

2．准则 1：结构体在逻辑上应表示为一个单一值

示例中的 Waypoint 类有名为 lat、lon 和 active 的 3 个字段。虽然它们并不是一个值，但由于准则规定结构体必须在逻辑上表示为一个单一值，因此将这个类转换为结构体依然是可行的。这是因为 Waypoint 对象用于在 2 维空间中表示一个单一位置，而至少需要两个值才能对 2 维坐标进行描述，因此并不算违反规则。同时，active 属性用于表示当前 Waypoint 的状态，因此该项特征也并不违反规则。这个解释可能会让你觉得过于牵强，但必须指出哪怕是微软自己，也常常玩弄这个规则。比如，System.Drawing.Rectangle 共存储了用于描述矩形大小和位置的 4 个整数，却被定义为了一个结构体。尽管矩形的大小和位置是该对象的两个属性，但微软认为 System.Drawing.Rectangle 还是可以被定义为结构体，因此我相信将 Waypoint 定义为结构体也没有问题。

3．准则 2：结构体的每个实例都应小于 16 个字节

无疑，Waypoint 类处于这项准则的安全范围之内。参阅第 1 章，Int32 类型的长度为 4 个字节，布尔原始类型的长度为 1 个字节。这意味着 Waypoint 的一个单一实例总共只有 9 个字节，离准则的要求还差 7 个字节。

4．准则 3：数据必须为不可变的

结构体必须为不可变的，这与它们的值类型有关。如前面提到的那样，每传递一个值类型，最终都只应得到该值的一个副本，而不是对原始值本身的引用。这意味着当你改变了结构体中的某个值时，你只会对当前这个结构体进行改变，而不会影响其他对象。

上述要求可能会带来比较复杂的问题。在应用程序中，我们选择将 Waypoint 的激活状态存储在对象本身之中，而这个字段肯定不是不可变的。我们可以通过某种方式将这个属性从 Waypoint 类中转移出来，但这样做必然会需要进行更多的重构工作才能将其转换为结构体。而我们并不愿进行太多的重构工作，那暂且先将该字段放一放，并将它作为我们原计划中的一个缺陷。解决这个问题的唯一思路是检查 Waypoint 对象在代码中的使用情况，以确保不会出现在对 Waypoint 实例进行传递后丢失了正确实例的情况。从技术上讲，只要 Waypoint 可以满足接下来的准则要求，则还是可将其转换为结构体。

5．准则 4：结构体不需重复装箱和开箱

由于 Waypoint 在完成实例化后只会被使用一次，因此它的每个实例基本上不会被装

箱或开箱。因此，Waypoint 类满足上述的所有准则，可以转换为结构体。

6. 转换

接下来的问题是，Waypoint 类能否转换为一个结构体？这需要解决 3 个方面的问题。第一，要对可变的 active 字段进行处理。在它当前的形式中，该字段不是一般结构体所应具有的不可变字段。而我们眼下确实没有什么思路，因此只能通过另一种方式对其进行处理。这意味着我们需要非常严格地监视 Waypoint 对象的使用情况，以确保没有将这个结构体的副本错误地当成是它的原始版本使用。尽管这样做会有些费事，但并不是毫无道理。下一个问题是如何定义构造函数，而示例中存在默认构造函数和对应的传参，无须处理。最后，Waypoint 类拥有两个名为 DeactivateWaypoint() 和 ReactivateWaypoint() 的公共方法。由于 C# 允许在结构体中使用公共方法，因此这两个方法不存在任何问题。实际上，在把这个类转换为结构体时我们唯一要做的就是将 class 关键字更改为 struct 关键字！以下是最后生成的代码：

```
public struct Waypoint
{
    public readonly Int32 lat;
    public readonly Int32 lon;
    public Boolean active { get; private set; }

    public Waypoint(Int32 latitude, Int32 longitude)
    {
        this.lat = latitude;
        this.lon = longitude;
        this.active = true;
    }

    public void DeactivateWaypoint()
    {
        this.active = false;
    }

    public void ReactivateWaypoint()
    {
        this.active = true;
    }
};
```

最后，我们想知道这一变化是否会为整个应用带来性能上的提升。除非在应用运行时对其进行大量的测试和分析，否则不太可能得到完全准确的结论，但奇怪的是，在不引入其他重构要求的情况下，该修改会对越野骑行应用带来整体性能上的提升。

8.1.2 Java

由于 Java 不支持结构体，因此这里不做过多讨论。显然，Java 的设计者认为，当这个语言终于从 C 语言编程的泥潭中爬出来时，不应再背负着这些非面向对象的数据结构。因此，在 Java 中我们只能通过建立一个拥有公共属性的类来对结构体进行模拟，但得不到任何性能上的提升。

8.1.3 Objective-C

Objective-C 并不直接对结构体提供支持，然而，可以用它实现并使用简单的 C 结构体。C 结构体与 C#的结构体非常类似，允许将若干原始类型的值构建为一个单一的、更复杂的值类型。然而，与 C#结构体不同的是，C 结构体不允许添加方法和初始化器，也不允许添加其他任何实用的面向对象编程的特性。此外，由于 NSObject 是类而非值类型，因此 C 结构体不能包含任何从 NSObject 继承而来的对象。

话虽这样说，但结构体实际在 Objective-C 的应用程序中使用得非常频繁。其中最常见的一种结构体应用是**枚举类型**（**enumerations, enums**）。枚举类型是一组由常量构成的列表，用于表示一系列整型数值，目的是在代码中建立更高级别的抽象，这样开发人员就可以只关注这些值所代表的含义，无须担心它们在后台如何被实现。我们将会在本章的后续内容中进一步讲解枚举类型的更多细节。

在 Objective-C 中创建结构体

Objective-C 中结构体的另一个常见来源是**核心图形框架**（**Core Graphics framework**），它包含了 4 种有用的结构体。我们将对这些结构体进行深入研究，以展示如何在 Objective-C 中对结构体进行定义。

- CGPoint。该结构体包含了一个由两个 CGFloat 值构成的简易两点坐标系。下面展示了 CGPoint 结构体的定义：

```
struct CGPoint {
    CGFloat x;
    CGFloat y;
};
typedef struct CGPoint CGPoint;
```

- CGSize。该结构体是一个用于存放宽度和长度的容器，由两个 CGFloat 值构成。下面展示了 CGSize 结构体的定义：

```
struct CGSize {
    CGFloat width;
    CGFloat height;
};
typedef struct CGSize CGSize;
```

- CGRect。该结构体用于定义矩形的位置和大小，由一个 CGPoint 值和一个 CGSize 值构成。下面展示了 CGRect 结构体的定义：

```
struct CGRect {
    CGPoint origin;
    CGSize size;
};
typedef struct CGRect CGRect;
```

- CGVector：该结构体包含一个 2 维矢量，由两个 CGFloat 值构成。下面展示了 CGVector 结构体的定义：

```
struct CGVector {
    CGFloat dx;
    CGFloat dy;
};
typedef struct CGVector CGVector;
```

注意，每个结构体定义的最后都跟有 typedef 和 struct 关键字。该行代码用于方便编程人员使用。每当需要对这些结构体进行调用时，若没有 typedef 关键字对其进行修饰，则需要在调用前使用 struct 关键字，如下：

```
struct CGRect rect;
```

很显然，这样并不方便使用。通过对结构体名称应用 typedef，能允许调用器不使用 struct 关键字就可对结构体名称进行使用，如下：

```
CGRect rect;
```

这样不仅方便了代码的编写，长远来看，还可使代码更为简洁，可读性更高。

现在我们回顾一下第 3 章中的 EDSWaypoint 类，看看能否将这个类转换为 C 语言中的结构体。下面是原始代码：

```objc
@interface EDSWaypoint()
{
    NSInteger _lat;
    NSInteger _lon;
    BOOL _active;
}

@end

@implementation EDSWaypoint

- (instancetype) initWithLatitude: (NSInteger) latitude
andLongitude: (NSInteger) longitude
{
    if (self = [super init])
    {
        _lat = latitude;
        _lon = longitude;
        _active = YES;
    }
    return self;
}

- (BOOL) active
{
    return _active;
}

- (void) reactivateWaypoint
{
    _active = YES;
}

- (void) deactivateWaypoint
{
    _active = NO;
}

@end
```

在接口中,我们发现将这个类转换为结构体的一些问题。_lat 和_lon 这两个实例变量是 NSInteger 类,这意味着不能在结构体中使用它们,必须将其转换为一种值类型。可否使用 initWithLatitude:andLongitude:初始化器呢?也不行,因为不能在 C 结构体重定

都通过 var 定义为可变变量，但 Swift 中的存储属性还可以通过 let 将其定义为不可变的。结构体中的前 3 个属性初值被设置为 0，可推测它们应为 Int 类型，而剩下的这个属性初值被设置为 0.0，可推测它应为 Double 类型。由于我们还没有对这个结构体定义任何自定义初始化器，因此可以通过下面的方式初始化该对象的一个实例：

```
var color = MyColor()
color.red = 139
color.green = 0
color.blue = 139
color.alpha = .5
```

上述代码对这个结构体进行了初始化，并设置了用于表示 50%alpha 通道深红色所对应的值。这个示例不存在任何问题，但对于大多数开发人员而言，初始化过程总会显得有些冗长。怎样才能用一行代码就创建一个新的对象呢？为了达到这个目的，我们需要对结构体的定义进行修改，加入一个自定义的初始化器，如以下代码所示：

```
public struct MyColor {
    var red = 0
    var green = 0
    var blue = 0
    var alpha = 0.0
    public init(R: Int, G: Int, B: Int, A: Double)
    {
        red = R
        green = G
        blue = B
        alpha = A
    }
}

var color = MyColor(R: 139, G:0, B:139, A:0.5)
```

利用 Swift 允许为结构体定义自定义初始化器的特性，我们创建了一个 init 方法，该方法将 RGBA 值作为传入参数，并将这些参数赋值给该结构体的属性，极大地简化了创建对象的过程。

现在我们再回顾一下第 3 章中的 Waypoint 类，看看能否将这个类转换为结构体。下面是原始代码：

```
public class Waypoint : Equatable
{
    var lat: Int
```

```
    var long: Int
    public private(set) var active: Bool
    public init(latitude: Int, longitude: Int) {
        lat = latitude
        long = longitude
        active = true
    }
    public func DeactivateWaypoint()
    {
        active = false;
    }
    public func ReactivateWaypoint()
    {
        active = true;
    }
}
public func == (lhs: Waypoint, rhs: Waypoint) -> Bool {
    return (lhs.lat == rhs.lat && lhs.long == rhs.long)
}
```

这是一个有趣的类对象。我们首先来处理 Equatable 接口和声明在类结构之外、名为==的公共函数。这个类需要对 Equatable 接口进行实现，是因为 WaypointList 中有几个方法需要判断两个 Waypoint 对象是否相等。如果抛开这个接口和对应==方法的实现，将无法实现原应用的功能，代码也通不过编译。幸运的是，Swift 的结构体允许实现同 Equatable 一样的接口。这里不存在任何问题，我们可以进一步执行后续工作。

之前我们已经讨论并演示过 Swift 的结构体可以定义自定义的初始化器，因此公共的 init 方法也不存在任何问题。Waypoint 类还有两个名为 DeactivateWaypoint() 和 ActivateWaypoint() 的方法。由于结构体被规定为不可变的，因此若要将这个类转换为结构体，我们需要在每个方法前加上 mutating 关键字，用来表示当前方法会修改实例中的一个或多个值。下面是 Waypoint 类转换为结构体后的代码：

```
public struct Waypoint : Equatable
{
    var lat: Int
    var long: Int
    public private(set) var active: Bool
    public init(latitude: Int, longitude: Int) {
        lat = latitude
        long = longitude
        active = true
    }
```

```
    public mutating func DeactivateWaypoint()
    {
        active = false;
    }
    public mutating func ReactivateWaypoint()
    {
        active = true;
    }
}

public func == (lhs: Waypoint, rhs: Waypoint) -> Bool {
    return (lhs.lat == rhs.lat && lhs.long == rhs.long)
}
```

在实例方法前加入的 mutating 关键字使我们可将 Waypoint 重定义为一个结构体，但并没有对当前实现引入新的限制。考察下面的例子：

```
let point = Waypoint(latitude: 5, longitude: 10)
point.DeactivateWaypoint()
```

上面的代码在编译时会出错，错误为 "Immutable value of type 'Waypoint' has only mutating members named DeactivateWaypoint ."，为什么会这样？包含了 mutating 关键字后，相当于显式地声明了这个结构体是一个可变类型。将这个结构体声明为不可变类型是不存在任何问题的，但当试图对其中的 mutating 方法进行调用时，编译器就会报错。如果没有添加 mutating 关键字，可以通过 var 或 let 将 Waypoint 声明为可变实例或不可变实例，但在这个例子中，若要使用 mutating 方法，就只能将对象声明为可变实例。

8.2 枚举类型

如同前文中讨论的那样，枚举类型能在应用程序中建立更高级别的抽象。它允许开发人员只关注其中的值所代表的意义，而不用去关心内存该如何存储这些值。这是因为 enum 类型允许使用有意义的或方便记忆的名称来标记这些整型数值。

案例学习：地铁线路

⌊业务问题⌉你与某工程团队合作，任务是编写一款应用程序，用来对地铁线路中通勤者所乘坐的列车进行跟踪。该任务关键需求之一就是该程序应能够轻松地识别出列车当前所处的站点或列车将会到达的站点。每个地铁站点都有一个独一无二的站名数据库，可通过这些站点的 ID 值对其进行跟踪，如 1100、1200、1300 等。由于站名可能会随着时间发生变化，且为了避免代码过于冗长，该程序使用站点 ID 而不是站名来跟踪列车。然而，对于通勤者而言，相较于站点 ID，站名更易于识别。对编程人员也是如此，谁在编写代码时还能记住几十个、甚至是几百个站点 ID 呢？

你决定使用枚举数据结构来满足应用场景和开发人员的需求。该枚举类型会将站名映射为对应的站点 ID，因此应用程序可根据站名得到对应的站点 ID，开发人员也可以使用站名进行开发。

C#

在较大站点中一般会有多条线路交汇，为避免发生混淆，我们不会简单地创建一个包含了所有地铁线路的所有站点的枚举。相反的是，我们会基于地铁的每条线路创建对应的站点枚举。下面是在 C# 中定义 Silver Line 枚举的示例：

```
public enum SilverLine
{
    Wiehle_Reston_East = 1000,
    Spring_Hill = 1100,
    Greensboro = 1200,
    Tysons_Corner = 1300,
    McClean = 1400,
    East_Falls_Church = 2000,
    Ballston_MU = 2100,
    Virginia_Sq_GMU = 2200,
    Clarendon = 2300,
    Courthouse = 2400,
    Rosslyn = 3000,
    Foggy_Bottom_GWU = 3100,
    Farragut_West = 3200,
    McPherson_Sq = 3300,
    Metro_Center = 4000,
    Federal_Triangle = 4100,
    Smithsonian = 4200,
    LEnfant_Plaza = 5000,
```

```
    Federal_Center_SW = 5100,
    Capital_South = 5200,
    Eastern_Market = 5300,
    Potomac_Ave = 5400,
    Stadium_Armory = 6000,
    Benning_Road = 6100,
    Capital_Heights = 6200,
    Addison_Road = 6300,
    Morgan_Blvd = 6400,
    Largo_Town_Center = 6500
}
```

现在，无论在何处用到 SilverLine 枚举中的值，只需简单地根据名称声明一个值类型，并对其进行赋值即可，如下面的代码所示：

```
SilverLine nextStop = SilverLine.Federal_Triangle;
nextStop = SilverLine.Smithsonian;
```

在上面的示例中，代码初始化了一个 SilverLine 值，使用 SilverLine.Federal_Triangle 来指示 SilverLine 中的下个站点为 4100。一旦列车在站台上关闭了车门，我们就需要对这个值进行更新，以表示当前列车正在开向站点 4200，因此只需将 nextStop 更新为 SilverLine.Smithsonian 即可。

Java

虽然 Java 不允许直接对结构体进行定义，但我们还是可以定义枚举类型。然而，该定义可能不同于你所期望的那样：

```
public enum SilverLine
{
    WIEHLE_RESTON_EAST,
    SPRING_HILL,
    GREENSBORO,
    TYSONS_CORNER,
    MCCLEAN,
    EAST_FALLS_CHURCH,
    BALLSTON_MU,
    VIRGINIA_SQ_GMU,
    CLARENDON,
    COURTHOUSE,
    ROSSLYN,
    FOGGY_BOTTOM_GWU,
    FARRAGUT_WEST,
```

```
        MCPHERSON_SQ,
        METRO_CENTER,
        FEDERAL_TRIANGLE,
        SMITHSONIAN,
        LENFANT_PLAZA,
        FEDERAL_CENTER_SW,
        CAPITAL_SOUTH,
        EASTERN_MARKET,
        POTOMAC_AVE,
        STADIUM_ARMORY,
        BENNING_ROAD,
        CAPITAL_HEIGHTS,
        ADDISON_ROAD,
        MORGAN_BLVD,
        LARGO_TOWN_CENTER
    }
```

你可能会注意到，上面的代码没有为每个条目分配整型数值。这是因为 Java 并不允许这样做。需要记住的是，Java 不支持结构体，所以该语言中的枚举类型其实完全不是它的原始类型，而是它自有类型的对象。因此，它并不需要遵守与其他开发语言中的枚举类型一样的规则，有些人还据此认为 Java 中的枚举类型健壮性更高。

不幸的是，与之前对该结构体应用的方案不同，Java 对枚举类型的限制造成了一个小障碍——我们无法将站名直接映射为对应的站点 ID 值。方法之一是加入一个 `public static` 方法，该方法将通过 `this` 对字符串值进行运算，然后在后台通过这个值在字符串和整型值之间建立映射。这或许是一个较为繁琐的解决方案，但它是切实可行的，它为整个业务问题提供了一套全新的替代方案。

Objective-C

正如 Objective-C 不支持结构体那样，它对枚举类型也不提供直接支持。幸运的是，这里我们可以使用底层的 C 语言枚举类型。下面是具体示例：

```
typedef enum NSUInteger
{
    Wiehle_Reston_East = 1000,
    Spring_Hill = 1100,
    Greensboro = 1200,
    Tysons_Corner = 1300,
    McClean = 1400,
    East_Falls_Church = 2000,
    Ballston_MU = 2100,
```

```
        Virginia_Sq_GMU = 2200,
        Clarendon = 2300,
        Courthouse = 2400,
        Rosslyn = 3000,
        Foggy_Bottom_GWU = 3100,
        Farragut_West = 3200,
        McPherson_Sq = 3300,
        Metro_Center = 4000,
        Federal_Triangle = 4100,
        Smithsonian = 4200,
        LEnfant_Plaza = 5000,
        Federal_Center_SW = 5100,
        Capital_South = 5200,
        Eastern_Market = 5300,
        Potomac_Ave = 5400,
        Stadium_Armory = 6000,
        Benning_Road = 6100,
        Capital_Heights = 6200,
        Addison_Road = 6300,
        Morgan_Blvd = 6400,
        Largo_Town_Center = 6500
} SilverLine;
```

首先，注意到我们将 `typedef` 关键字集成在枚举的定义中，这表示我们在代码中不需要将 `SilverLine` 再作为枚举类型进行声明。同时还应注意到 enum 关键字，该关键字用于在 C 中声明枚举类型。此外，我们还显式地声明了这个枚举的值类型为 NSUInteger。此处使用了 NSUInteger 是因为并不需要有符号的值，但若要用到有符号的整型，只需改为 NSInteger 即可。最后，注意到 enum 的实际名称应写在整个定义的最后。

这里的枚举类型与大多数基于 C 的开发语言中的枚举类型类似，但要注意以下几个问题。首先，如果需要在除当前源文件以外的地方使用该枚举，则必须在头文件（*.h）中对其进行声明。其次，无论什么情况下，枚举类型必须在@interface 或@implementation 标签以外的地方进行声明，不然代码会通不过编译。最后，枚举的名称必须与工作区中的其他所有对象不同。

Swift

相较于 Objective-C 中的结构体，Swift 中的结构体具有广泛的灵活性，因此它与 C#的结构体更为相似。在以下的示例中，我们并没有加入任何额外的方法或 init 函数，但若需要的话，这样做也无妨：

```
public enum SilverLine : Int
{
    case Wiehle_Reston_East = 1000
    case Spring_Hill = 1100
    case Greensboro = 1200
    case Tysons_Corner = 1300
    case McClean = 1400
    case East_Falls_Church = 2000
    case Ballston_MU = 2100
    case Virginia_Sq_GMU = 2200
    case Clarendon = 2300
    case Courthouse = 2400
    case Rosslyn = 3000
    case Foggy_Bottom_GWU = 3100
    case Farragut_West = 3200
    case McPherson_Sq = 3300
    case Metro_Center = 4000
    case Federal_Triangle = 4100
    case Smithsonian = 4200
    case LEnfant_Plaza = 5000
    case Federal_Center_SW = 5100
    case Capital_South = 5200
    case Eastern_Market = 5300
    case Potomac_Ave = 5400
    case Stadium_Armory = 6000
    case Benning_Road = 6100
    case Capital_Heights = 6200
    case Addison_Road = 6300
    case Morgan_Blvd = 6400
    case Largo_Town_Center = 6500
}
```

注意到枚举定义中包含的 Int 声明。在大多数情况下并不严格要求这样做，除非像上面的代码那样，想要显式地为这些条目设置值，这样会令编译器提前知道该在类型检查中预期什么样的类型。如果我们能够省略显式的值，也可视情况略去 Int 声明。

8.3　小结

本章，我们学习了结构体数据结构的基本定义，同时还学习了如何在适用的开发语言中建立结构体。我们还了解了结构体的一些常见应用，其中还含有非常常见的枚举数据类型。最后，我们回顾了一些之前的代码示例，探究了能否将自定义的类转换为结构体对象以提升这些代码的性能。

第 9 章
树：非线性数据结构

树结构（tree structure）本质上是由节点构成的数据集，该数据集通常不允许对同一个节点进行多次引用，并且也规定这些引用不能指向根节点。这种数据结构模拟了一种树状的层次结构。根据每个节点中所含的值的不同，树可分为有序树和无序树。此外，根据树的用途，节点既可用来存储值类型的数据，也可用来存储对象的实例。

尽管树结构在应用中可能会受到某些限制，但它依然在编程中极其有用。在某些情况下，你甚至不会注意到树结构的存在，这是因为很多数据结构都是以它为基础构建而成的。本章，我们将对树结构进行深入讨论，并在随后的章节中对树结构的扩展结构进行研究。

本章将涵盖以下主要内容：

- 树结构的定义；
- 树结构与树类型；
- 树的相关术语；
- 树的基本操作；
- 树的创建；
- 递归；
- 遍历。

9.1 树结构与树类型

实际中不仅存在树结构，还存在树类型（tree data type），这两者有本质上的区别。因此在进行下一步的学习之前，有必要区分清楚树结构和树类型。

对于初学者而言，数据类型只是数据的一种组织形式，并不包含数据集实现方式的定义。另一方面，数据结构关注的是如何处理特定类型的数据，以及如何对该类型的数据进行具体实现。

因此，树类型必须存在一个值，并且其中的每个子树都也为树类型。而树结构由一组节点构成，这些节点按照树类型的模式相互连接起来。

以下示意图展示了两种不同的树结构。

- 有序树。有序树如图 9-1 所示。
- 无序树。无序树如图 9-2 所示。

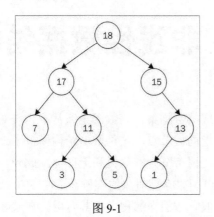

图 9-1　　　　　　　　　　　　　　　　　图 9-2

其中，每个节点都是一棵树，并且其潜在的子节点也均为树。本章，我们将集中讨论树结构的具体实现。

9.2　树的相关术语

与其他的数据结构不同，树结构中用到了很多独特的术语和定义。因此，在对树结构进行深入的讨论之前，我们需要花些时间来对这些相关术语进行学习。

以下是树结构中最基本的一些术语。

- **节点（node）**：树中存储的任何一个值或对象均被描述为一个节点。在前面的图示中，根及其所有的子树和子孙均为互相独立的节点。
- **根（root）**：根是树的基础节点。有意思的是，该节点通常画在树示意图的最顶端。注意，即使一个根节点没有任何子孙，但其本身仍表示了一棵完整的树。
- **父节点（parent）**：父节点是任何一个含有 $1 \sim n$ 个子节点的节点。子节点有且仅有一个父节点。还要注意，根据树结构的规则，任何一个父节点可拥有 $0 \sim n$ 个子节点。
- **子节点（child）**：除了根节点以外，其他的每个子节点都有且仅有一个父节点。若一棵树不是其他结构的子树，则其根节点是唯一一个不为子节点的节点。
- **兄弟节点（siblings）**：具有同一父节点的所有子节点互相称为兄弟节点。如图 9-1 所示，根节点下一层的两个节点互为兄弟节点。

- **叶节点**（**leaf**）：任何没有子节点的节点称为叶节点。
- **边**（**edge**）：边是父节点和子节点之间的路径或引用。
- **子孙**（**descendant**）：以某节点为根，则以这个根节点所确定的子树上的任意节点都为该节点的子孙。
- **祖先**（**ancestor**）：由根节点到某节点的所有边上的节点都为该节点的祖先。
- **路径**（**path**）：由一个节点到其某子孙的一系列边构成了该节点到这个子孙的路径。
- **高度**（**height of tree**）：树的高度为根节点到最远叶节点之间边的个数。
- **深度**（**depth**）：从根到某节点的边的个数是该节点的深度。因此根节点的深度为 0。

9.3 树的基本操作

树结构可由 $1 \sim n$ 个节点组成，这也意味着即使是一个不存在任何父节点或子节点的单一节点也可被视作一棵树。因此，与树结构相关的大多数基本操作都可以从单一节点的角度进行定义。接下来是树结构中比较常见的基本操作。

- **获取节点数据**（**data**）：该操作与单一节点相关，用于返回当前节点所存储的对象或数据。
- **获取子节点**（**children**）：该操作返回与当前节点有关的所有子节点。
- **获取父节点**（**parent**）：该操作能为某些树结构提供类似"爬树"的机制，即由任意一个节点反向遍历至根节点。
- **枚举**（**enumerate**）：该操作会返回包含当前特定节点在内的所有该节点的子孙。
- **插入**（**insert**）：该操作会将一个新节点作为已有节点的子节点添加进树中。如果树结构对某一父节点所能拥有的子节点总量进行了限制，则该操作可能会变得较为复杂。当超出子节点总量的限制时，会将其中一个之前已存在的子节点位置进行重定位，作为被插入新节点的子节点。
- **嫁接**（**graft**）：该操作与插入操作较为相似，不同之处在于该操作会在树中插入一个本就拥有子孙的新节点，即向树中插入一个子树。与插入操作一样的是，如果树结构对某一父节点所能拥有的子节点总量进行了限制，则该操作可能会变得较为复杂。当超出子节点总量的限制时，会将其中一个之前已存在的子节点位置进行重定位，作为被插入子树叶节点的子节点。
- **删除**（**delete**）：该操作会从树中将特定节点删除。如果被删除的节点拥有子孙，则这些子孙应以某种方式被重定位至被删除节点的父节点，否则该操作会被归为修建操作。
- **修剪**（**prune**）：该操作会从树中将特定节点及其子孙全部删除。

9.4　树的实例化

考虑到树在计算机科学领域中的常见程度，令人惊讶的是本书所讨论的这些开发语言都没有为树结构的一般应用提供一种简便通用的具体实现。因此，我们将会自行对其进行实现。

9.5　树的结构

在开始之前，我们需要详细了解一些树结构所具有的特征。对于初学者，我们将创建一棵不允许加入重复值的有序树，这样会简化整个实现过程。同时，我们还规定每个节点最多只能拥有两个子节点。在技术上这样做相当于定义了一棵二叉树，其具体的优点、应用和定义将会在随后的内容中进行详细展开。接下来，通过公开每个节点所含的底层对象，来为该结构实现获取节点数据和获取子节点这两个操作。由于目前并不需要对树进行反向遍历，因此这里我们并不会对获取父节点操作进行实现。

插入操作将会被实现为两个互相独立的方法，分别对原始数据和已存在的节点提供支持，而嫁接操作只针对已存在的节点进行实现。由于规定了树中不允许存在重复值，因此该嫁接操作与集合结构中的并集操作类似，其生成结果中只会包含被输入的两个树中不重复的值。这 3 种操作都会返回布尔值，用来表示其操作是否顺利执行。

删除操作也将被实现为两个方法，分别对原始数据和已存在的节点提供支持。而修剪操作只对已存在的节点进行实现。这每种方法都会从树中删除节点，并将删除的节点返回给调用方。这两种操作与栈中的出栈操作非常类似。

此外，还要对查找操作进行实现，该操作仅返回树中与传入参数相匹配的节点，但并不会将其删除。该操作与栈和队列中的查看操作类似。

枚举操作将通过递归函数的形式加以实现。目前我们仅实现该函数的功能，在本章的后续部分会再对递归进行更详细的讨论。最后，还要对复制操作进行实现。

C#

C#提供了足够的功能，允许我们使用少量代码就能创建一个通用的树结构。首先需要构建一个用于表示树节点的类。以下是 C#中 Node 类的具体实现：

```
public Int16 Data;
public Node Left;
public Node Right;
```

　　每个 Node 都由两个基本组件构成，分别包括节点存储的数据以及当前节点指向其子节点的引用集。在这个实现中，公共字段 Data 用于存放整型节点数据，公共字段 Left 和 Right 分别用于其两个子节点的引用。

```
public List<Node> Children
{
    get
    {
        List<Node> children = new List<Node>();
        if (this.Left != null)
        {
            children.Add(this.Left);
        }
        if (this.Right != null)
        {
            children.Add(this.Right);
        }
        return children;
    }
}
```

　　这里加入了一个名为 Children 的属性，该属性会获取当前节点的所有子节点，并以列表形式返回 List<Node>。该属性能为随后的遍历函数提供整型计数支持。

```
public Node(Int16 data)
{
    this.Data = data;
}
```

　　这里为 Node 类定义了一个自定义构造函数，该构造函数以 Int 类型的单一参数作为传参，用于给 Node 中的必备字段 Data 进行赋值，而子节点是可选字段，因此无需在构造时进行赋值。

```
public bool InsertData(Int16 data)
{
    Node node = new Node (data);
    return this.InsertNode(node);
}

public bool InsertNode(Node node)
{
    if (node == null || node.Data == this.Data)
```

```
    {
        return false;
    }
    else if (node.Data < this.Data)
    {
        if (this.Left == null)
        {
            this.Left = node;
            return true;
        }
        else
        {
            return this.Left.InsertNode(node);
        }
    }
    else
    {
        if (this.Right == null)
        {
            this.Right = node;
            return true;
        }
        else
        {
            return this.Right.InsertNode(node);
        }
    }
}
```

以上两个方法用于支持数据插入和节点插入功能。InsertData(Int data)方法提供了在树中插入原始节点数据的功能。因此，该方法可以根据传入的数据点创建一个新的Node对象，并将该对象传递给InsertNode(Node node)方法。

InsertNode(Node node)方法提供了将已存在的节点插入到树中的功能。该方法首先会检查node对象是否为null，或node对象的Data值是否与当前节点的值相等。若以上判断为真，则返回false，这样做是为了防止在树中插入重复的节点。接下来会检查被插入的节点值是否小于当前的节点值。如果为真，则会首先检查当前节点是否拥有Left节点，若没有，会将新节点插入至该位置。否则，该新节点必须插入至Left节点以下的某个位置，则还需在Left节点处递归调用InsertNode(Node node)。该递归调用会重复上述整个处理流程，包括确认Left不含有被插入的节点值等步骤。

若被插入的Node大于当前节点，则会在Right节点上重复执行上述过程。最终，要么发现树中已存在被插入的节点值，要么在叶节点中找到了一个可用于存放被插入 Node 的子节点位置。该方法最坏情况下的复杂度为 $O(\log(n))$。

理论上，该方法可以通过单次调用就能将两棵树合并在一起。但是，若当前树与被插入节点的子孙节点均拥有相同的值时，InsertNode(Node node) 便不能很好地处理来自于这种情况的重复节点。因此，还需要添加嫁接功能：

```
public bool Graft(Node node)
{
    if (node == null)
    {
        return false;
    }

    List<Node> nodes = node.ListTree();
    foreach (Node n in nodes)
    {
        this.InsertNode(n);
    }

    return true;
}
```

Graft(Node node) 方法利用了现有的 InsertNode(Node node) 方法。该方法首先会检查 node 是否为 null，若为真，则返回 false。然后，该方法会通过在 node 上调用 ListTree() 来创建一个新的 List<Node> 数据集。ListTree() 则会返回一组含有 node 及其所有子孙节点的列表。

```
public Node RemoveData(Int16 data)
{
    Node node = new Node (data);
    return this.RemoveNode(node);
}

public Node RemoveNode(Node node)
{
    if (node == null)
    {
        return null;
    }

    Node retNode;
    Node modNode;
```

```
List<Node> treeList = new List<Node>();

if (this.Data == node.Data)
{
    // 找到了匹配的根节点
    retNode = new Node(this.Data);
    modNode = this;
    if (this.Children.Count == 0)
    {
        return this; // 根节点没有子节点
    }
}
else if (this.Left.Data == node.Data)
{
    retNode = new Node(this.Left.Data);
    modNode = this.Left;
}
else if (this.Right.Data == node.Data)
{
    retNode = new Node(this.Right.Data);
    modNode = this.Right;
}
else
{
    foreach (Node child in this.Children)
    {
        if (child.RemoveNode(node) != null)
        {
            return child;
        }
    }

    // 树中没有匹配的节点
    return null;
}

// 对树重排序
if (modNode.Left != null)
{
    modNode.Data = modNode.Left.Data;
    treeList.AddRange(modNode.Left.ListTree());
    modNode.Left = null;
}
else if (modNode.Right != null)
```

```
    {
        modNode.Data = modNode.Right.Data;
        treeList.AddRange(modNode.Right.ListTree());
        modNode.Right = null;
    }
    else
    {
        modNode = null;
    }
    foreach (Node n in treeList)
    {
        modNode.InsertNode(n);
    }

    // 操作完成
    return retNode;
}
```

　　以上两个方法用于支持数据删除和节点删除功能。RemoveData(Int data)方法提供了从树中删除原始节点数据的功能。因此，该方法可以根据传入的数据点创建一个新的Node 对象，并将该对象传递给 RemoveNode(Node node)方法。

　　RemoveNode(Node node)方法提供了将已存在的节点从树中删除的功能。该方法首先会检查 node 是否为 null，若为真，则返回 null。否则，该方法会创建 3 个对象，其中的 retNode 用于存放将被返回的节点；modNode 用于存放为删除节点而需进行相应修改的节点；treelist 用于对已删除节点的树进行重排序。

　　由此，该方法可分解为两个主要组件。第一个组件会在树中查找能够和传参 node 相匹配的节点。方法中的第一段 if 分支会判断当前节点是否与传入节点相匹配。若上述节点相等，则通过 this.Data 创建 retNode，并将 this 赋给 modNode。同时，该方法还会检查 this 是否含有子节点。若不存在子节点，则说明当前节点为单节点树，方法会直接返回 this。这种处理逻辑能防止因直接删除具有子节点的根节点而导致整棵树被直接删除的情况发生，通常，只有另一个用于对根节点 Node 对象进行实例化的类才能进行删除根节点的操作。接下来的两段 if else 代码会分别检查传入节点是否与 Left 或 Right 节点匹配。无论上述哪个判断结果为真，都会用相匹配子节点的 Data 创建 retNode，并将该子节点赋给 modNode。若还未能从树中找到与传入节点相同的节点，则方法会在这两个子节点上递归地调用 RemoveNode(Node node)。任何从这些调用中返回的 Node 对象都会被传递至该调用方。当所有的这些递归调用都无法找到匹配的节点时，则该方法会返回 null，代表无法从树中找到与传入 node 相匹配的节点。

上述算法表明，只有在对树的根节点进行检查时才会执行第一段 if 分支中的内容。这是因为，当开始在子节点上递归调用该方法时，相当于已知这些子节点的 Data 值与传入的 node 并不匹配。在此之后，该方法总是前向地寻找能够匹配的子节点。从递归的角度来看，第一段的 if 代码即算法的**基线条件**（**Base Case**）。我们将在本章后面的内容中对递归进行详细地探讨。

RemoveNode(Node node) 方法的第二个组件会对剩下的所有节点进行重排序，以保证在经过节点删除过程之后的树还能保持有序。该组件首先会检查 Left 节点是否为 null，若不为 null，则表示当前节点拥有左侧分支节点。若 Left 节点为 null，则会检查 Right 节点是否为 null。若 Left 和 Right 节点均为 null 时，则意味着当前节点是一个叶节点，不含有需要进行重排序的子孙节点。

当 Left 或 Right 节点存在对象时，则需对这些子节点进行处理。无论子节点位于左节点还是右节点，对应的代码段都会将该子节点的 Data 值赋给 modNode.Data，即真正需被删除的节点。通过这种数据的移动方式，相当于在树中删除节点的同时，还把其子节点的 Data 上移至了该节点原来的位置。然后，方法会通过在子节点上调用 ListTree() 来创建一个 List<Node>数据集。该操作会返回这个子节点及其所有的子孙节点。接下来，代码段会将子节点置为 null，将整个分支进行实际删除。

最后，方法会循环遍历整个 treelist 数据集，并且对列表中的每个 Node 调用 InsertNode(Node node)。这样做不但能确保子节点上的数据不会在输出的最终树中重复出现，并且还能保证经过这些操作的最终树具有正确的次序。

虽然重排序的算法有很多，其中不乏比上述算法效率更高的算法。但就目前而言，算法只需确保最终的树结构中仍包含了除被删除对象以外的所有节点，且具有正确的次序。话虽如此，RemoveNode(Node node) 方法的复杂度竟为不忍直视的 $O(n^2)$。

```
public Node Prune(Node root)
{
    Node matchNode;
    if (this.Data == root.Data)
    {
        // 找到了匹配的根节点
        Node b = this.CopyTree();
        this.Left = null;
        this.Right = null;
        return b;
```

```
        }
        else if (this.Left.Data == root.Data)
        {
            matchNode = this.Left;
        }
        else if (this.Right.Data == root.Data)
        {
            matchNode = this.Right;
        }
        else
        {
            foreach (Node child in this.Children)
            {
                if (child.Prune(root) != null)
                {
                    return child;
                }
            }
            // 树中没有匹配的节点
            return null;
        }

        Node branch = matchNode.CopyTree();
        matchNode = null;

        return branch;
    }
```

Prune(Node root)方法与RemoveNode(Node node)的执行机制相似。首先会检查传入的root是否为null，若为真，则直接返回null。然后进行基线条件的确立，并在this中查找是否存在与root相匹配的节点。若匹配到了当前树的根节点，则该方法将整棵树的副本存放至变量b中，并将Left和Right节点均置为null，以删除根节点的所有子孙节点，最后再返回b。如同RemoveNode(Node node)，这种处理逻辑能防止因直接删除具有子节点的根节点而导致整棵树被直接删除的情况发生。通常，只有另一个用于对根节点Node对象进行实例化的类才能进行删除根节点的操作。

若当前树的根节点与root不匹配，则该方法检查Left和Right节点是否匹配，直到递归地对每一个Children进行检查。若这些判断都失败，方法会返回null，表示无法在当前树中找到与root相匹配的节点。

若在Left或Right节点中找到了相匹配的节点，则将该节点赋给matchNode，并在随后将其传递给Node branch。最后，将matchNode置为null，将该节点及其所有子孙节点从树中删除，并返回被删除的分支。该方法最坏情况下的复杂度为 $O(n)$。

```
public Node FindData(Int16 data)
{
    Node node = new Node (data);
    return this.FindNode(node);
}

public Node FindNode(Node node)
{
    if (node.Data == this.Data)
    {
        return this;
    }

    foreach (Node child in this.Children)
    {
        Node result = child.FindNode(node);
        if (result != null)
        {
            return result;
        }
    }

    return false;
}
```

Node 类通过 FindData(Int data) 和 FindNode(Node node) 方法实现查找功能。FindData(Int data) 接收原始 Int 数据作为传入参数，将该参数赋给新建的 Node 对象，并把这个 Node 对象传递给 FindNode(Node node)。

FindNode(Node node) 方法会轮流检查当前节点数据是否与被查找的节点数据相匹配。若匹配，方法会返回当前节点。否则，方法会在 Children 数据中的每个节点上递归地调用 FindNode(Node node)，直到找到匹配的节点。若无法在树中找到匹配的节点，则方法会返回 false。该方法最坏情况下的复杂度为 $O(\log(n))$。

```
public Node CopyTree()
{
    Node n = new Node (this.Data);
    if (this.Left != null)
    {
        n.Left = this.Left.CopyTree();
    }
```

```
        if(this.Right != null)
        {
            n.Right = this.Right.CopyTree();
        }
        return n;
    }
```

CopyTree()方法会对当前节点进行复制，然后通过递归复制 Left 和 Right 节点。该方法会返回一个复制后的节点，该节点可代表整棵树、整个分支或是单个节点的完整副本。

```
public List<Node> ListTree()
{
    List<Node> result = new List<Node>();
    result.Add(new Node(this.Data()));
    foreach (Node child in this.Children)
    {
        result.AddRange(child.ListTree());
    }
    return result;
}
```

ListTree()方法为 Node 类提供枚举功能。该方法首先会新建一个 List<Node>数据集，将 this 中的 Data 作为新 Node 加入到该数据集，然后再在 Children 数据集的每个节点上递归地调用 ListTree()，直到将树中的每个节点都枚举完。该方法最后会将 result 返回给调用方。

> 这个简易的 Node 类对树中的每个节点都进行了描述。然而，你或许不明白为什么要在这个节点类上实现树结构中的所有功能。回忆一下树的相关术语，你会发现，即便一个不含有任何子孙节点的根节点，也可用来描述一整棵树。这意味着无论对一个节点本身或是其所在的树而言，任何有关该节点的定义都应能提供整个树的所有功能。而整个树的其他实现都应以这个单一 Node 对象为核心来进行构建。这样一来，节点的子节点便也可拥有其子孙节点，使整个树的结构和功能都封装在 Node 类中。

Java

Java 也提供了必需的基础工具，可轻松地构建一个 Node 类的稳定实现。以下是 Java

中 Node 类的具体实现：

```
public int Data;
public Node left;
public Node right;

public List<Node> getChildren()
{
    List<Node> children = new LinkedList<Node>();
    if (this.Left != null)
    {
        children.add(this.Left);
    }
    if (this.Right != null)
    {
        children.add(this.Right);
    }
    return children;
}
```

与 C#相同，Java 中的 Node 类不仅包含了用于存储节点数据的公有字段，还拥有用于存放 Left 和 Right 子节点的另外两个公有字段。Java 的 Node 类也包含了公有方法 getChildren()，该方法以 LinkedList<Node>的形式返回存在于当前节点中的所有子节点。

```
public Node(int data)
{
    this.Data = data;
}
```

这里为 Node 类定义了一个自定义构造函数，可将 int 类型的数据作为传入参数，并将其赋给节点的 Data 字段。

```
public boolean insertData(int data)
{
    Node node = new Node (data);
    return this.insertNode(node);
}

public boolean insertNode(Node node)
{
    if (node == null || node.Data == this.Data)
    {
```

```
            return false;
        }
        else if (node.Data < this.Data)
        {
            if (this.Left == null)
            {
                this.Left = node;
                return true;
            }
            else
            {
                return this.Left.insertNode(node);
            }
        }
        else
        {
            if (this.Right == null)
            {
                this.Right = node;
                return true;
            }
            else
            {
                return this.Right.insertNode(node);
            }
        }
    }
}
```

代码中前两个方法用于插入数据和插入节点。insertData(int data)方法提供了在树中插入原始节点数据的功能。因此，该方法可以根据传入的数据点创建一个新的 Node 对象，并将该对象传递给 insertNode(Node node)方法。

insertNode(Node node)方法提供了将已存在的节点插入到树中的功能。该方法首先会检查 node 对象是否为 null，或 node 对象的 Data 值是否与当前节点的值相等。若以上判断为真，则返回 false，这样做是为了防止在树中插入重复的节点。接下来会检查被插入的节点值是否小于当前的节点值。如果为真，则会接着检查当前节点是否拥有 Left 节点，若没有，会将新节点插入至该可用位置。否则，该新节点必须插入至 Left 节点以下的某个位置，且需要在 Left 节点处递归调用 insertNode(Node node)。该递归调用会重复整个上述处理流程，包括确认 Left 不含有被插入的节点值等步骤。

若被插入的 Node 大于当前节点，则会在 Right 节点上重复执行上述过程。最终，要么发现树中已存在被插入的节点值，要么在叶节点中找到了一个可用于存放被插入 Node

的可用子节点位置。该方法最坏情况下的复杂度为 $O(\log(n))$。

```java
public boolean graft(Node node)
{
    if (node == null)
    {
        return false;
    }

    List<Node> nodes = node.listTree();
    for (Node n : nodes)
    {
        this.insertNode(n);
    }
    return true;
}
```

graft(Node node) 方法利用了现有的 insertNode(Node node)。该方法首先会检查 node 是否为 null，若为真，则返回 false。然后，该方法会通过在 node 上调用 listTree() 来创建一个新的 List<Node>数据集。ListTree() 会返回一组含有 node 及其所有子孙节点的列表。

```java
public Node removeData(int data)
{
    Node node = new Node(data);
    return this.removeNode(node);
}

public Node removeNode(Node node)
{
    if (node == null)
    {
        return null;
    }

    Node retNode;
    Node modNode;
    List<Node> treeList = new LinkedList<Node>();

    if (this.Data == node.Data)
    {
        // 找到了匹配的根节点
        retNode = new Node(this.Data);
```

```
        modNode = this;
        if (this.getChildren().size() == 0)
        {
            return this; // 根节点没有子节点
        }
    }
else if (this.Left.Data == node.Data)
{
    // 找到了相匹配的节点
    retNode = new Node(this.Left.Data);
    modNode = this.Left;
}
else if (this.Right.Data == node.Data)
{
    // 找到了相匹配的节点
    retNode = new Node(this.Right.Data);
    modNode = this.Right;
}
else
{
    for (Node child : this.getChildren())
    {
        if (child.removeNode(node) != null)
        {
            return child;
        }
    }
    // 树中没有匹配的节点
    return null;
}

// 对树重排序
if (modNode.Left != null)
{
    modNode.Data = modNode.Left.Data;
    treeList.addAll(modNode.Left.listTree());
    modNode.Left = null;
}
else if (modNode.Right != null)
{
    modNode.Data = modNode.Right.Data;
    treeList.addAll(modNode.Right.listTree());
    modNode.Right = null;
```

```
        }
        else
        {
            modNode = null;
        }

        for (Node n : treeList)
        {
            modNode.insertNode(n);
        }

        // 操作完成
        return retNode;
    }
```

以下两个方法用于支持数据删除和节点删除功能。removeData(int data) 方法提供了从树中删除原始节点数据的功能。因此，该方法可以根据传入的数据点创建一个新的 Node 对象，并将该对象传递给 removeNode(Node node) 方法。

removeNode(Node node) 方法提供了将已存在的节点从树中删除的功能。该方法首先会检查 node 是否为 null，若为真，则返回 null。否则，该方法会创建 3 个对象，其中的 retNode 用于存放将被返回的节点；modNode 用于存放为删除节点而需进行相应修改的节点；treelist 用于对已删除节点的树进行重排序。

接下来这段代码会根据 node 参数在树中查找与其相匹配的节点。第一段 if 分支会判断当前节点是否与传入节点相匹配。若上述节点相等，则通过 this.Data 创建 retNode，并将 this 赋给 modNode。同时，该方法还会检查 this 是否含有子节点。若不存在子节点，则说明当前节点为单节点树，方法会直接返回 this。接下来的两段 if else 代码会分别检查传入节点是否与 Left 或 Right 节点匹配。无论上述哪个判断结果为真，都会用相匹配子节点的 Data 创建 retNode，并将该子节点赋给 modNode。若还未能从树中找到与传入节点相同的节点，则会在这两个子节点上递归地调用 removeNode(Node node)。任何从这些调用中返回的 Node 对象都会被传递至该调用方。当所有的这些递归调用都无法找到匹配的节点时，则该方法会返回 null，代表无法从树中找到与传入 node 相匹配的节点。

之后的代码会对剩下的所有节点进行重排序，以保证删除过节点的树还能保持有序。该代码首先会检查 Left 节点是否为 null，若不为 null，则表示当前节点拥有左侧分支节点。若 Left 节点为 null，则会检查 Right 节点是否为 null。若 Left 和 Right 节点均为 null 时，则不需进行重排序。

若 Left 和 Right 其中之一不为 null 时，该方法会将该子节点的 Data 值赋给

modNode.Data。然后，方法通过在子节点上调用 listTree() 来创建一个 List<Node>
数据集。接下来，将子节点置为 null，且删除整个分支。

最后，方法会循环遍历整个 treeList 数据集，并且对列表中的每个 Node 调用
insertNode (Node node)。removeNode(Node node) 方法的复杂度为 $O(n^2)$。

```java
public Node prune(Node root)
{
    if (root == null)
    {
        return null;
    }

    Node matchNode;
    if (this.Data == root.Data)
    {
        // 找到了匹配的根节点
        Node b = this.copyTree();
        this.Left = null;
        this.Right = null;
        return b;
    }
    else if (this.Left.Data == root.Data)
    {
        matchNode = this.Left;
    }
    else if (this.Right.Data == root.Data)
    {
        matchNode = this.Right;
    }
    else
    {
        for (Node child : this.getChildren())
        {
            if (child.prune(root) != null)
            {
                return child;
            }
        }

        // 树中没有匹配的节点
        return null;
    }

    Node branch = matchNode.copyTree();
```

```
        matchNode = null;

        return branch;
    }
```

prune(Node root)方法与removeNode(Node node)方法的执行机制相似。首先会检查传入的root是否为null，若为真，则直接返回null。然后进行基线条件的确立，并在this中查找是否存在与root相匹配的节点。若匹配到了当前树的根节点，则该方法将整棵树的副本存放至变量b中，并将Left和Right节点均置为null，以删除根节点的所有子孙节点，最后再返回b。

若当前树的根节点与root不匹配，则该方法会检查Left和Right节点是否匹配，然后递归地对每一个Children进行检查。若这些判断都失败，方法会返回null，表示无法在当前树中找到与root相匹配的节点。

若在Left或Right节点中找到了相匹配的节点，则将该节点赋给matchNode，并在随后将其传递给Node branch。最后，将matchNode置为null，将该节点及其所有子孙节点从树中删除，并返回被删除的分支。该方法的复杂度为 $O(n)$。

```java
public Node findData(int data)
{
    Node node = new Node (data);
    return this.findNode(node);
}

public Node findNode(Node node)
{
    if (node.Data == this.Data)
    {
        return this;
    }

    for (Node child : this.getChildren())
    {
        Node result = child.findNode(node);
        if (result != null)
        {
            return result;
        }
    }

    return null;
}
```

Node 类通过 findData(int data) 和 findNode(Node node) 方法实现查找功能。findData(int data) 接收原始 int 数据作为传入参数，然后将该参数赋给新建的 Node 对象，并把这个 Node 对象传递给 findNode(Node node)。

findNode(Node node) 方法会轮流检查当前节点数据是否与被查找的节点数据相匹配。若匹配，方法会返回当前节点。否则，方法会在 Children 数据中的每个节点上递归地调用 findNode(Node node)，直到找到匹配的节点。若无法在树中找到匹配的节点，则方法会返回 false。该方法最坏情况下的复杂度为 $O(\log(n))$。

```
public Node copyTree()
{
    Node n = new Node(this.Data);
    if (this.Left != null)
    {
        n.Left = this.Left.copyTree();
    }
    if(this.Right != null)
    {
        n.Right = this.Right.copyTree();
    }
    return n;
}
```

copyTree() 方法会对当前节点进行复制，然后通过递归调用来复制 Left 和 Right 节点。该方法会返回一个复制后的节点，该节点可代表整棵树、整个分支或是单个节点的完整副本。

```
public List<Node> listTree() {
    List<Node> result = new LinkedList<Node>();
    result.add(new Node(this.Data));
    for (Node child : this.getChildren())
    {
        result.addAll(child.listTree());
    }
    return result;
}
```

最后，listTree() 方法为 Node 类提供枚举功能。该方法首先会新建一个 LinkedList<Node> 数据集，将 this 中的 Data 作为新 Node 加入到该数据集，然后再在 Children 数据集的每个节点上递归地调用 listTree()，直到将树中的每个节点都枚举完。该方法最后会将 result 返回给调用方。

Objective-C

与 Objective-C 中实现的其他数据结构一样，我们不得不用非常规的手段来构建节点类。在某种程度上，用 Objective-C 来进行实现或许更为方便。以下是 Objective-C 中节点类的具体实现：

```objective-c
-(instancetype)initNodeWithData:(NSInteger)data
{
    if (self = [super init])
    {
        _data = data;
    }
    return self;
}
```

这里的 EDSNode 类定义了一个初始化器，允许使用 NSInteger 类型的数据作为传入参数。该参数用于给必备字段 _data 进行赋值，而子节点是可选字段，因此无须在初始化时进行赋值。

```objective-c
-(NSInteger)data
{
    return _data;
}

-(EDSNode*)left
{
    return _left;
}

-(EDSNode*)right
{
    return _right;
}

-(NSArray*)children
{
    return [NSArray arrayWithObjects:_left, _right, nil];
}
```

EDSNode 节点拥有 3 个公共属性，分别用于存储节点数据以及 left 和 right 子节点，它还有一个名为 children 的数组属性，用来描述子节点的数据集。

```objc
-(BOOL)insertData:(NSInteger)data
{
    EDSNode *node = [[EDSNode alloc] initNodeWithData:data];
    return [self insertNode:node];
}


-(BOOL)insertNode:(EDSNode*)node
{
    if (!node || [self findNode:node])
    {
        return NO;
    }
    else if (node.data < _data)
    {
        if (!_left)
        {
            _left = node;
            return YES;
        }
        else
        {
            return [_left insertNode:node];
        }
    }
    else
    {
        if (!_right)
        {
            _right = node;
            return YES;
        }
        else
        {
            return [_right insertNode:node];
        }
    }
}
```

以下两个方法支持数据插入和节点插入功能。insertData:方法提供了在树中插入原始节点数据的功能。因此，该方法可以根据传入的数据点创建一个新的 EDSNode 对象，并将该对象传递给 insertNode:方法。insertNode:方法提供了将已存在的节点插入到树中的功能。该方法首先会检查 node 对象是否为 nil，或 node 对象的 data 值是否与

当前节点的值相等。若以上判断为真, 则返回 NO。接下来会检查 node 对象的 data 值是
否小于当前的 _data 值。如果为真, 则会检查当前节点是否拥有 left 节点, 若没有, 会
将新节点插入至该位置。否则, 该新节点必须插入至 left 节点以下的某个位置, 则需在
left 节点处递归调用 insertNode:。若被插入的 EDSNode 大于当前节点, 则会在 right
节点上重复执行上述过程。最终, 要么发现树中已存在被插入的节点值, 要么在叶节点中
找到了一个可用于存放被插入 EDSNode 的可用子节点。该方法最坏情况下的复杂度为
$O(\log(n))$。

```
-(BOOL)graft:(EDSNode*)node
{
    if (!node)
    {
        return NO;
    }
    NSArray *nodes = [node listTree];
    for (EDSNode *n in nodes)
    {
        [self insertNode:n];
    }
    return true;
}
```

graft:方法利用了现有的 insertNode:方法。该方法首先会检查 node 是否为
nil, 若为真, 则返回 NO。然后, 该方法会通过在 node 上调用 listTree 来创建一个
新的 NSArray 数据集。我们随后会对 listTree 方法进行深入探讨。就目前而言, 只需
了解 listTree 方法会返回一个含有当前节点和其所有子孙节点的列表即可。

```
-(EDSNode*)removeData:(NSInteger)data
{
    EDSNode *node = [[EDSNode alloc] initNodeWithData:data];
    return [self removeNode:node];
}

-(EDSNode*)removeNode:(EDSNode*)node
{
    if (!node)
    {
        return NO;
    }
    EDSNode *retNode;
    EDSNode *modNode;
```

```
NSMutableArray *treeList = [NSMutableArray array];
if (self.data == node.data)
{
    // 找到了匹配的根节点
    retNode = [[EDSNode alloc] initNodeWithData:self.data];
    modNode = self;
    if ([self.children count] == 0)
    {
        return self; //根节点没有孩子节点
    }
}
else if (_left.data == node.data)
{
    // 找到了相匹配的节点
    retNode = [[EDSNode alloc] initNodeWithData:_left.data];
    modNode = _left;
}
else if (_right.data == node.data)
{
    // 找到了相匹配的节点
    retNode = [[EDSNode alloc] initNodeWithData:_right.data];
    modNode = _right;
}
else
{
    for (EDSNode *child in self.children)
    {
        if ([child removeNode:node])
        {
            return child;
        }
    }
    // 树中没有匹配的节点
    return nil;
}
// 对树重排序
if (modNode.left)
{
    modNode.data = modNode.left.data;
    [treeList addObjectsFromArray:[modNode.left listTree]];
    modNode.left = nil;
}
else if (modNode.right)
```

```
    {
        modNode.data = modNode.right.data;
        [treeList addObjectsFromArray:[modNode.right listTree]];
        modNode.right = nil;
    }
    else
    {
        modNode = nil;
    }
    for (EDSNode *n in treeList)
    {
        [modNode insertNode:n];
    }
    // 操作完成
    return retNode;
}
```

以下两个方法支持数据删除和节点删除功能。removeData:方法提供了从树中删除原始节点数据的功能。因此，该方法可以根据传入的数据点创建一个新的 EDSNode 对象，并将该对象传递给 removeNode:方法。

removeNode:方法提供了将已存在的 EDSNode 对象从树中删除的功能。该方法首先会检查 node 是否为 nil，若为真，则返回 nil。否则，该方法会创建 3 个对象，其中的 retNode 用于存放将被返回的节点；modNode 用于存放为删除节点而需进行相应修改的节点；treelist 用于对已删除节点的树进行重排序。

由此，该方法可分解为两个主要组件。第一个组件会在树中查找和传参 node 相匹配的节点。方法中的第一段 if 分支会判断 self.data 是否与 node.data 相匹配。若上述节点相等，则通过 this.data 创建 retNode，并将 this 赋给 modNode。同时，该方法还会检查 this 是否含有子节点。若不存在子节点，则说明当前节点为单节点树，方法会直接返回 this。这种处理逻辑能防止因直接删除具有子节点的根节点而导致整棵树被直接删除的情况发生。通常，只有另一个用于对根节点 EDSNode 对象进行实例化的类才能进行删除根节点的操作。接下来的两段 if else 代码会分别检查传入节点是否与 left 或 right 节点匹配。无论上述哪个判断结果为真，都会用相匹配子节点的 data 创建 retNode，并将该子节点赋给 modNode。若还未能从树中找到与传入节点相同的节点，则方法会在这两个子节点上递归地调用 removeNode:。任何从这些调用中返回的 EDSNode 对象都会被传递至该调用方。当所有的这些递归调用都无法找到匹配的节点时，则该方法会返回 nil，代表无法从树中找到与传入 node 相匹配的节点。

removeNode:方法其余的代码会对剩下的所有节点进行重排序，以保证删除过节点的树还能保持有序。该组件首先会检查 left 节点是否为 nil，若不为 nil，则表示当前节点拥有左侧分支节点。若 left 节点为 nil，则会检查 right 节点是否为 nil。若 left 和 right 节点均为 nil 时，则无须进行重排序。

当 left 或 right 节点处存在对象时，代码会将该子节点的 data 值赋给 modNode. data。然后，方法会通过在子节点上调用 listTree 来创建一个 NSArray，并将子节点置为 nil，且将整个分支删除。最后，方法会循环遍历整个 treeList 数据集，并且对列表中的每个 EDSNode 调用 insertNode:。removeNode:方法的复杂度为 $O(n^2)$。

```
-(EDSNode*)prune:(EDSNode*)root
{
    if (!root)
    {
        return nil;
    }
    EDSNode *matchNode;
    if (self.data == root.data)
    {
        // 找到了匹配的根节点
        EDSNode *b = [self copyTree];
        self.left = nil;
        self.right = nil;
        return b;
    }
    else if (self.left.data == root.data)
    {
        matchNode = self.left;
    }
    else if (self.right.data == root.data)
    {
        matchNode = self.right;
    }
    else
    {
        for (EDSNode *child in self.children)
        {
            if ([child prune:root])
            {
                return child;
            }
        }
        // 树中没有匹配的节点
        return nil;
```

```
    }
    EDSNode *branch = [matchNode copyTree];
    matchNode = nil;
    return branch;
}
```

prune:方法首先会检查传入的 root 是否为 nil，若为真，则直接返回 nil。然后进行基线条件的确立，并在 this 中查找是否存在与 root 相匹配的节点。若匹配到了当前树的根节点，则该方法将整棵树的副本存放至变量 b 中，并将 left 和 right 节点均置为 nil 以删除根节点的所有子孙节点，最后再返回 b。若当前树的根节点与 root 不匹配，则该方法检查 left 和 right 节点是否匹配，然后递归地对每一个 children 进行检查。若这些判断都失败，方法会返回 nil，表示无法在当前树中找到与 root 相匹配的节点。

若在 left 或 right 节点中找到了相匹配的节点，则将该节点赋给 matchNode，并在随后将其传递给 EDSNode branch。最后，将 matchNode 置为 nil，删除该节点及其所有子孙节点，并返回被删除的分支。该方法最坏情况下的复杂度为 $O(n)$。

```
-(EDSNode*)findData:(NSInteger)data
{
    EDSNode *node = [[EDSNode alloc] initNodeWithData:data];
    return [self findNode:node];
}

-(EDSNode*)findNode:(EDSNode*)node
{
    if (node.data == self.data)
    {
        return self;
    }
    for (EDSNode *child in self.children)
    {
        EDSNode *result = [child findNode:node];
        if (result)
        {
            return result;
        }
    }
    return nil;
}
```

EDSNode 类通过 findData:和 findNode:方法实现查找功能。findData:接收原始 NSInteger 数据作为传入参数，然后将该参数赋给新建的 EDSNode 对象，并把这个

EDSNode 对象传递给 findNode:。

findNode:方法会轮流检查当前节点数据是否与被查找的节点数据相匹配。若匹配，方法会返回当前节点。否则，方法会在 children 数据中的每个节点上递归地调用 findNode:，直到找到匹配的节点。若无法在树中找到匹配的节点，则方法会返回 nil。该方法最坏情况下的复杂度为 $O(\log(n))$。

```
-(EDSNode*)copyTree
{
    EDSNode *n = [[EDSNode alloc] initNodeWithData:self.data];
    if (self.left)
    {
        n.left = [self.left copyTree];
    }
    if(self.right)
    {
        n.right = [self.right copyTree];
    }
    return n;
}
```

copyTree 方法会对当前节点进行复制，然后通过调用递归方法复制 left 和 right 节点。该方法会返回一个复制后的节点，该节点可代表整棵树、整个分支或是单个节点的完整副本。

```
-(NSArray*)listTree
{
    NSMutableArray *result = [NSMutableArray array];
    [result addObject:[[EDSNode alloc] initNodeWithData:self.data]];
    for (EDSNode *child in self.children) {
        [result addObjectsFromArray:[child listTree]];
    }
    return [result copy];
}
```

listTree:方法为 EDSNode 类提供枚举功能。该方法首先会新建一个 NSArray 数据集，将 this 中的 data 作为新 EDSNode 加入到该数据集，然后在 children 数据集的每个节点上递归地调用 listTree:，直到将树中的每个节点都枚举完。该方法最后会将 result 返回给调用方。

Swift

Swift 中的 Node 类在结构和功能方面与 C#和 Java 中的实现较为相似。以下是 Swift

中 Node 类的具体实现：

```
public var data: Int
public var left: Node?
public var right: Node?

public var children: Array<Node> {
    return [left!, right!]
}
```

Swift 中的 Node 拥有 3 个公共属性，分别用于存储节点数据以及 `left` 和 `right` 子节点，并且还有一个名为 `children` 的数组属性，该属性用来描述子节点的数据集。

```
public init (nodeData: Int)
{
    data = nodeData
}
```

这里的 Node 类定义了一个初始化器，允许使用 Int 类型的数据作为传入参数。该参数用于给必备字段 data 进行赋值，而子节点是可选字段，因此无须在初始化时进行赋值[1]。

```
public func insertData(data: Int) -> Bool
{
    return insertNode(node: Node(nodeData:data))
}

public func insertNode(node: Node?) -> Bool
{
    if (node == nil)
    {
        return false
    }
    if ((findNode(node: node!)) != nil)
    {
        return false
    }
    else if (node!.data < data)
    {
        if (left == nil)
        {
```

---

[1] 本节介绍了 Swift 语言中的相关示例，原书从此处开始直到本节末尾错误地重复了 Objective-C 一节的有关内容，译者对此进行了相应修改。——译者注

```
            left = node
            return true
        }
        else
        {
            return left!.insertNode(node: node)
        }
    }
    else
    {
        if (right == node)
        {
            right = node
            return true
        }
        else
        {
            return right!.insertNode(node: node)
        }
    }
}
```

以上两个方法支持数据插入和节点插入功能。insertData()方法提供了在树中插入原始节点数据的功能。因此，该方法可以根据传入的数据点创建一个新的 Node 对象，并将该对象传递给 insertNode()方法。

insertNode()方法提供了将已存在的节点插入到树中的功能。该方法首先会检查 node 对象是否为 nil，或 node 对象的 data 值是否与当前节点的值相等。若以上判断为真，则返回 false。接下来会检查 node 对象的 data 值是否小于当前的 data 值。如果为真，则会首先检查当前节点是否拥有 left 节点，若没有，会将新节点插入至该位置。否则，该新节点必须插入至 left 节点以下的某个位置，且在 left 节点处递归调用 insertNode()。若被插入的 Node 大于当前节点，则会在 right 节点上重复执行上述过程。最终，要么发现树中已存在被插入的节点值，要么在叶节点中找到了一个可用于存放被插入 Node 的可用子节点位置。该方法最坏情况下的复杂度为 $O(\log(n))$。

```
public func graft(node: Node?) -> Bool
{
    if (node == nil)
    {
        return false
    }
    let nodes: Array = node!.listTree()
```

```
        for n in nodes
        {
            self.insertNode(node: n)
        }
        return true
    }
```

graft()方法利用了现有的 insertNode()。该方法首先会检查 node 是否为 nil，若为真，则返回 false。然后，该方法会通过在 node 上调用 listTree()来创建一个新的 Array 数据集。我们随后会对 listTree()方法进行深入探讨，就目前而言，只需了解 listTree()方法会返回一个含有当前节点和其所有子孙节点的列表即可。

```
public func removeData(data: Int) -> Node?
{
    return removeNode(node: Node(nodeData:data))
}

public func removeNode(node: Node?) -> Node?
{
    if (node == nil)
    {
        return nil
    }
    var retNode: Node
    var modNode: Node?
    var treeList = Array<Node>()
    if (self == node!)
    {
        // 找到了匹配的根节点
        retNode = Node(nodeData: self.data)
        modNode = self
        if (children.count == 0)
        {
            return self // 根节点无子节点
        }
    }
    else if (left! == node!)
    {
        // 找到了相匹配的节点
        retNode = Node(nodeData: left!.data)
        modNode = left!
    }
    else if (right! == node!)
```

```
{
    // 找到了相匹配的节点
    retNode = Node(nodeData: right!.data)
    modNode = right!
}
else
{
    for child in self.children
    {
        if (child.removeNode(node: node) != nil)
        {
            return child
        }
    }
    // 树中没有匹配的节点
    return nil
}
// 对树重排序
if ((modNode!.left) != nil)
{
    modNode! = modNode!.left!
    treeList = modNode!.left!.listTree()
    modNode!.left = nil
}
else if ((modNode!.right) != nil)
{
    modNode! = modNode!.right!
    treeList = modNode!.right!.listTree()
    modNode!.right = nil
}
else
{
    modNode = nil
}
for n in treeList
{
    modNode!.insertNode(node: n)
}
// 操作完成
return retNode
}
```

以下两个方法支持数据删除和节点删除功能。removeData()方法提供了从树中删除原始节点数据的功能。该方法可以根据传入的数据点创建一个新的 Node 对象，并将该对象传递给 removeNode() 方法。

removeNode() 方法提供了将已存在的 Node 对象从树中删除的功能。该方法首先会检查 node 是否为 nil，若为真，则返回 nil。否则，该方法会创建 3 个对象，其中的 retNode 用于存放将被返回的节点；modNode 用于存放为删除节点而需进行相应修改的节点；treeList 用于对已删除节点的树进行重排序。

由此，该方法可分解为两个主要组件。第一个组件会在树中查找能够和传参 node 相匹配的节点。方法中的第一段 if 分支会判断 self 是否与 node 相匹配。若上述节点相等，则通过 self.data 创建 retNode，并将 self 赋给 modNode。同时，该方法还会检查 self 是否含有子节点。若不存在子节点，则说明当前节点为单节点树，方法会直接返回 self。这种处理逻辑能防止因直接删除具有子节点的根节点而导致整棵树被直接删除的情况发生。通常，只有另一个用于对根节点 Node 对象进行实例化的类才能进行删除根节点的操作。接下来的两段 if else 代码会分别检查传入节点是否与 left 或 right 节点匹配。无论上述哪个判断结果为真，都会用匹配子节点的 data 创建 retNode，并将该子节点赋给 modNode。若还未能从树中找到与传入节点相同的节点，则方法会在这两个子节点上递归地调用 removeNode()。从这些调用中返回的任意 Node 对象都会被传递至该调用方。当所有的这些递归调用都无法找到匹配的节点时，则该方法会返回 nil，代表无法从树中找到与传入 node 相匹配的节点。

removeNode() 方法其余的代码会对剩下的所有节点进行重排序，以保证删除节点后的树还能保持有序。该组件首先会检查 left 节点是否为 nil，若不为 nil，则表示当前节点拥有左侧分支节点。若 left 节点为 nil，则会检查 right 节点是否为 nil。若 left 和 right 节点均为 nil 时，则不需进行重排序。当 left 或 right 节点处存在对象时，代码会将该子节点的值赋给 modNode。然后，该方法会通过在子节点上调用 listTree() 来创建一个 Array。并将子节点置为 nil，将整个分支删除。最后，方法会循环遍历整个 treeList 数据集，并且对列表中的每个 Node 调用 insertNode()。removeNode() 方法的复杂度为 $O(n^2)$。

```
public func prune(root: Node?) -> Node?
{
    if (root == nil)
    {
        return nil
    }
    var matchNode: Node?
    if (self == root!)
    {
        // 找到了匹配的根节点
```

```
        let b = self.copyTree()
        self.left = nil
        self.right = nil
        return b
    }
    else if (self.left! == root!)
    {
        matchNode = self.left!
    }
    else if (self.right! == root!)
    {
        matchNode = self.right!
    }
    else
    {
        for child in self.children
        {
            if (child.prune(root: root!) != nil)
            {
                return child
            }
        }
        // 树中没有匹配的节点
        return nil;
    }
    let branch = matchNode!.copyTree()
    matchNode = nil

    return branch
}
```

prune()方法首先会检查传入的 root 是否为 nil，若为真，则直接返回 nil。然后进行基线条件的确立，并在 self 中查找是否存在与 root 相匹配的节点。若匹配到了当前树的根节点，则该方法将整棵树的副本存放至变量 b 中，并将 left 和 right 节点均置为 nil，以删除根节点的所有子孙节点，最后再返回 b。若当前树的根节点与 root 不匹配，则该方法检查 left 和 right 节点是否匹配，然后递归地对每一个 children 进行检查。若这些判断都失败，方法会返回 nil，表示无法在当前树中找到与 root 相匹配的节点。

若在 left 或 right 节点中找到了相匹配的节点，则将该节点赋给 matchNode，并随后将其传递给 branch。最后，将 matchNode 置为 nil，删除该节点及其所有子孙节点，并返回被删除的分支。该方法最坏情况下的复杂度为 $O(n)$。

```
public func findData(data: Int) -> Node?
{
    return findNode(node: Node(nodeData:data))
}

public func findNode(node: Node) -> Node?
{
    if (node == self)
    {
        return self
    }
    for child in children
    {
        let result = child.findNode(node: node)
        if (result != nil)
        {
            return result
        }
    }
    return nil
}
```

ENode 类通过 findData() 和 findNode() 方法实现查找功能。findData() 接收原始 Int 数据作为传入参数，将该参数赋给新建的 Node 对象，并把这个 Node 对象传递给 findNode()。

findNode() 方法会轮流检查当前节点数据是否与被查找的节点数据相匹配。若匹配，方法会返回当前节点。否则，方法会在 children 数据中的每个节点上递归地调用 findNode()，直到找到匹配的节点。若无法在树中找到匹配的节点，则方法会返回 nil。该方法最坏情况下的复杂度为 $O(\log(n))$。

```
public func copyTree() -> Node
{
    let n = Node(nodeData: self.data)
    if (self.left != nil)
    {
        n.left = self.left!.copyTree()
    }
    if(self.right != nil)
    {
        n.right = self.right!.copyTree()
    }
    return n
}
```

copyTree()方法会对当前节点进行复制，然后通过调用递归方法复制 left 和 right 节点。该方法会返回一个复制后的节点，该节点可代表整棵树、整个分支或是单个节点的完整副本。

```
public func listTree() -> Array<Node>
{
    var result = Array<Node>()
    result.append(self)
    for child in children
    {
        result.append(contentsOf: child.listTree())
    }
    return result
}
```

listTree()方法为 Swift 的 Node 类提供枚举功能。该方法首先会新建一个 Array 数据集，将 self 作为新 Node 加入到该数据集，然后在 children 数据集的每个节点上递归地调用 listTree()，直到将树中的每个节点都枚举完。该方法最后会将 result 返回给调用方。

```
public func == (lhs: Node, rhs: Node) -> Bool {
    return (lhs.data == rhs.data)
}
```

最后，由于 Node 类用到了 Equatable 协议，因此需要对 Node 重载"=="运算符。该方法能将 Node 中 data 属性之间的求等运算简化为 Node 之间的求等运算，增强了代码的简洁性和可读性。

9.6　递归

虽然对于一些开发人员，甚至是某些计算机科学专业的学生而言，递归有时会显得晦涩难懂，但其基本概念实际上却非常简单。直白地说，递归就是方法对其自身进行调用，用以重复地执行某项操作。因此，任何一个对自身进行调用的函数都是**递归函数**（**recursive function**）。事实上，若有一个函数 f() 调用了另外一个函数 g()，而 g() 反过来又有可能再次调用了 f()，那么 f() 仍为一个递归函数，这是因为 f() 最终还是对其自身进行了调用。递归作为一种优秀的数学工具，可以用来解决由一系列自相似问题构成的复杂问题。

递归或递归函数的概念非常有用，几乎每种现代计算机开发语言都对方法的自调用提供了相应支持。然而，在开始定义一个递归函数之前，有必要知道的是，对于任何一个自调用函数，若不小心使其进入了**死循环**（**infinite loop**），会使整个应用程序崩溃。为了避免这种情况，就必须在算法中定义一个**基准条件**（**base case**），或是一个能够标记处理过程结束状态的值，使该递归函数能够正常返回。下面是一个经典的递归示例——**斐波那契数列**（**Fibonacci sequence**）。

斐波那契数列由一系列离散的整数组成，其中的每个整数都为它之前的两个整数之和。可将该定义转换为算法形式，即 $x_n = x_{n-1} + x_{n-2}$，其中 x_n 为数列中的任意一个整数。比如，有这样一个整数数列$[1,1,2,3,5,8,13,21,34,…,x_i]$，若 $x_{n-1}=5$，$x_{n-2}=3$ 则 $x_n = x_{n-1}+x_{n-2}=5+3=8$。同样的，若 $x_{n-1}=13$，$x_{n-2}=8$ 则 $x_n = x_{n-1}+x_{n-2}=13+8=21$。当 $n>2$ 时，数列中的整数都遵循着上述模式。

因此，对于 $n>2$ 的整数可通过重复的模式进行表示，但 $n=2$ 时又会怎么样呢？这时 x_{n-2} 未定义，也就意味着算法在这里出现了分支。$n=1$ 时的情况也一样。因此，需要在 $n=1$ 和 $n=2$，或 x_1 和 x_2 处定义基准条件。在斐波那契数列中，$x_1=1$，$x_2=1$。若可以将这两个值设置为基准条件的值，则可以将算法构建为一个会对任意 n 值返回一组斐波那契整数数列的递归函数。在这个方法中，需要对 $n=0$ 和 $n=1$ 这两种情况定义对应的基准条件，但当 $n>1$ 时，方法就可以进行自调用来返回最终结果。以下是使用 C#实现该方法的示例：

```
public static int Fibonacci(int n)
{
    if (n == 0) return 0; // 基准条件
    if (n == 1) return 1; // 基准条件
    return Fibonacci(n - 1) + Fibonacci(n - 2);
}
```

递归虽然很好用，但最好不要滥用！据我的经验，有这么两类开发人员，其中一类开发人员要么不懂递归的概念，要么从不使用递归。而另一类开发人员却试图用递归去解决所有问题（只有在使用 LISP 进行开发时这种行为才值得原谅）。

事实上，最好在适当的情况下自然而然地去使用递归。

9.7 遍历

对树结构中的节点进行遍历的方法有很多，但如何选择这些方法主要根据树结构中节点的实现方式。举例来说，我们之前的 Node 类包含有由父节点指向子节点的引用，但不含反向的引用，也不提供同序、同层或整棵树中兄弟节点之间的引用。因此，对于此类树的遍历模式仅限于对父节点到子节点引用的逐步跟踪。这种遍历方式称为**遍历树**（**walking**

the tree）。

　　我们之前所设计的节点结构也允许在访问父节点之前先访问其子节点。若先对当前节点的左（右）侧子节点进行访问，再访问当前节点本身，最后再访问当前节点的右（左）侧子节点，这种遍历模式为**中序遍历**（**in-order traversal**）。若节点含有同序对象之间的链接，则可先访问节点本身，再以特定次序访问它的子节点。这种方式称为**前序遍历**（**pre-order traversal**）。若子节点到它们各自父节点之间也存在链接的话，则可以进行反向遍历，即先以特定的次序访问该节点的所有子节点，最后再访问节点本身。这种方式称为**后序遍历**（**post-order traversal**）。以上这些遍历模式均为**深度优先遍历**（**depth-first search**），通过递归方法对每个节点进行访问[①]。

9.8　小结

　　本章，我们学习了树结构，并且了解了树结构和树类型之间的区别。通过对树结构进行图示，我们学习了树的相关术语。然后，我们学习了树结构的基本操作及其算法代价。接着，我们从零开始构建了一个简易的二叉树数据结构类，并针对树中遍历操作所用到的递归方法进行了讨论。在此基础上，我们学习了递归的定义，并以斐波那契数列为例，自行构建了一个递归函数。最后，根据树中节点之前的相互关系，我们学习了树的不同遍历模式。

---

① 原书此处对前序、中序、后序遍历的概念讲解有误，并错误地将前序遍历和后序遍历归为了广度优先搜索（breadth-first search），实际中的广度优先搜索是不分前后序的。因此我修改了文中有关前序、中序、后序遍历定义中出现的错误介绍，并且统一起见，将该段的广度优先搜索修改为利用递归方法的深度优先搜索。——译者注

第 10 章
堆：有序树

堆（**heap**）是一类特殊的树结构，它的次序由树中每个节点的值或相关的键值所决定。若堆的顺序为升序，则该堆为最小堆，其根节点的值或优先级小于它的子节点。若堆的顺序为降序，则该堆为最大堆，其根节点的值或优先级大于它的子节点。应注意的是，不能将堆结构与计算机科学领域中的堆内存相混淆，堆内存通常指系统动态分配的内存。

本章将涵盖以下主要内容：

- 堆结构的定义；
- 基于数组的实现；
- 堆的构建；
- 基本操作。

10.1　堆的实现

堆结构与树结构类似，通常使用链表、链接节点或数组对其进行实现。在第 9 章中，我们已经讨论过链接节点的实现方式，本章将会着重讲解使用数组对**二叉堆**（**binary heap**）这种堆结构来进行实现。

二叉堆是一种特殊的树结构，该结构除了最深的那一层外，其余每层都会被节点占满。而在最深的那一层，节点会从左到右排列，直到占满整层。图 10-1 展示了一个基于数组的二叉堆实现，该二叉堆中的每个父节点都有两个分别位于 $2i+1$ 和 $2i+2$ 的子节点，其中 i 为这个父节点的序号，而数据集中的第一个节点的序号为 0。

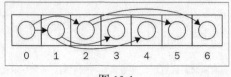

图 10-1

另一种实现方式会跳过数组中序号 0 的位置，用以简化查找给定序号的父节点和子节点的过程。在这种情况下，若给定的节点位于 i，其子节点的序号分别为 $2i$ 和 $2i+1$。

10.2 堆的操作

堆结构的所有实现的操作方法不一定都相同。然而，开发人员可根据其需要使这些操作可用。以下是字典中的一些基本操作。

- **插入**（**insert**）：插入操作会向堆中添加一个新节点。该操作必须要对堆进行重排序，以确保新加入的节点不会打乱堆中原有的顺序。该操作的复杂度为 $O(\log(n))$。
- **查找最大值**（**findMax**）：该操作用于最大堆，会返回数据集中具有最大值或最高优先级的对象。在数组堆的实现中，根据其设计的不同，该对象通常位于序号 0 或序号 1 的位置。该操作与栈或队列中的查看操作等效，它在使用堆来实现一个优先级队列时尤为重要。该操作的复杂度为 $O(1)$。
- **查找最小值**（**findMin**）：该操作用于最小堆，会返回数据集中具有最小值或最低优先级的对象。在数组堆的实现中，根据其设计的不同，该对象通常位于序号 0 或序号 1 的位置。该操作的复杂度为 $O(1)$。
- **提取最大值**（**extractMax**）：该操作用于最大堆，会返回数据集中具有最大值或最高优先级的对象，并将该对象从数据集中删除。该操作与栈或队列中的弹出操作等效。与查找最大值操作一样，根据其设计的不同，需返回的对象通常位于序号 0 或序号 1 的位置。该操作还会先对堆进行重排序，以保证堆序性。该操作的复杂度为 $O(\log(n))$。
- **提取最小值**（**extractMin**）：该操作用于最小堆，会返回数据集中具有最小值或最低优先级的对象，并将该对象从数据集中删除。与查找最小值操作一样，根据其设计的不同，需返回的对象通常位于序号 0 或序号 1 的位置。该操作还会先对堆进行重排序，以保证堆序性。该操作的复杂度为 $O(\log(n))$。
- **删除最大值**（**deleteMax**）：该操作用于最大堆，会从数据集中删除具有最大值或最高优先级的对象。与查找最大值操作一样，根据其设计的不同，需删除的对象通常位于序号 0 或序号 1 的位置。该操作还会先对堆进行重排序，以保证堆序性。该操作的复杂度为 $O(\log(n))$。
- **删除最小值**（**deleteMin**）：该操作用于最小堆，会从数据集中删除具有最小值或最低优先级的对象。与查找最小值操作一样，根据其设计的不同，需返回的对象通常位于序号 0 或序号 1 的位置。该操作还会先对堆进行重排序，以保证堆序性。该操

作的复杂度为 $O(\log(n))$。

- **计数**（**count**）：该操作会返回堆中所有节点的数量。该操作的复杂度为 $O(1)$。
- **查找子节点**（**children**）：该操作会返回当前节点的两个子节点。由于返回两个子节点必须要进行两次运算，因此该操作的复杂度为 $O(2)$。
- **查找父节点**（**parent**）：该操作会返回任意一个给定节点的父节点。该操作的复杂度为 $O(1)$。

上述的这些操作或许会让你觉得与第 9 章中的操作有些相似。你必须清楚一点，即便二叉堆与二叉查找树具有相似之处，但一定不能将这两者混为一谈。两者的相似之处在于它们都会对其中的节点进行排序。堆会根据节点的任意属性或是整个环境对节点的优先级进行排序，而每个节点的值却不一定必须是有序的。另一方面，对于二叉查找树而言，节点本身的值就应该是有序的。

10.3 堆的实例化

由于堆是某种形式的树结构，因此在本书所讨论的开发语言中不能找到其原生的具体实现就没什么奇怪之处了。但是，实际上堆结构却非常易于实现。因此，这里我们将自行构建一个堆结构，以最小堆为例。

10.4 最小堆结构

开始之前，需要详细说明一下我们将构建的堆结构所应具有的特征。对于初学者而言，我们将使用数组来构建这个堆，并且该堆中的第一个节点应位于数组中序号 0 的位置。这个特征非常重要，因为它会决定计算给定节点的父节点和子节点的公式。然后，我们需要用某个对象来表示堆中的节点。由于该示例用到的节点对象非常简单，我们会在堆实现中嵌入该对象所属类的定义。

要对最小堆进行实现，只需要实现 min 操作即可。该实现应公开 FindMin（查看）、ExtractMin（弹出）以及 DeleteMin 方法，而堆的插入、计数、查看子节点、查看父节点操作可分别由不同的单一方法进行实现。

这个最小堆实现还应含有两个分别用于增加或删除节点时对堆进行重排序的方法。这两个方法分别是 OrderHeap 和 SwapNodes。

需要注意的是，除了在某些操作中需要把变量位置交换，最大堆的实现几乎与最小堆一样。我们会在下面的实现中讨论这些区别。

C#

C#提供了足够的功能，允许我们使用少量代码就能创建一个通用的堆结构。首先需要构建一个用于表示堆节点的类。以下是 C#中 HeapNode 类的具体实现：

```
public class HeapNode
{
    public int Data;
}
```

这是一个非常简单的类，只包含了一个 public 属性，用于存储整型数据。由于该类在接下来的所有语言中都几乎一样，因此只在此处对它进行说明。

接下来会对堆的功能进行实现。以下是 C#中 MinHeap 类的具体实现：

```
List<HeapNode> elements;
public int Count
{
    get
    {
        return elements.Count;
    }
}

public MinHeap()
{
    elements = new List<HeapNode>();
}
```

MinHeap 类拥有两个公共字段。第一个字段是名为 elements 的 List<HeapNode> 对象，用来表示堆数据集。第二个字段是 Count 字段，会返回数据集中对象的总数。最后，使用构造函数对 elements 数据集进行初始化。

```
public void Insert(HeapNode item)
{
    elements.Add(item);
    OrderHeap();
}
```

Insert(HeapNode item)方法将 HeapNode 对象作为传入参数，并将该对象添加进数据集中。一旦对象添加完成，该方法会调用 OrderHeap()，确保新加入的对象处于堆中的正确位置，保证堆序不变。

```
public void Delete(HeapNode item)
{
    int i = elements.IndexOf(item);
    int last = elements.Count - 1;

    elements[i] = elements[last];
    elements.RemoveAt(last);
    OrderHeap();
}
```

Delete(HeapNode item)方法将 HeapNode 对象作为传入参数，并将该对象从数据集中删除。该方法首先会查找需删除对象的序号，再获取数据集中最末对象的序号。然后，该方法用堆中最末对象覆盖掉需删除的对象，并将原最末对象节点删除。最后，该方法会调用 OrderHeap()，以确保最终的数据集满足堆序性的要求。

```
public HeapNode ExtractMin()
{
    if (elements.Count > 0)
    {
        HeapNode item = elements[0];
        Delete(item);
        return item;
    }

    return null;
}
```

ExtractMin()方法首先确认 elements 数据集中至少有一个元素。若判断结果为假，该方法返回 null。否则，该方法会新建一个名为 item 的 HeapNode 实例，并将其置为该数据集的根节点，即具有最小值或最低优先级的节点。然后，该方法会调用 Delete(item)来将这个节点从数据集中删除。最后，由于 ExtractMin 方法必须要返回一个对象，所以可以将 item 返回至调用方。

```
public HeapNode FindMin()
{
    if (elements.Count > 0)
    {
        return elements[0];
```

```
    }

    return null;
}
```

FindMin()方法除了不会将返回的最小值从数据集中删除以外，其他细节与ExtractMin()方法非常相似。该方法首先会确认 elements 数据集中至少有一个元素。若判断结果为假，该方法返回 null。否则，该方法会返回数据集中的根节点，即具有最小值或最低优先级的节点。

```
private void OrderHeap()
{
    for (int i = elements.Count - 1; i > 0; i--)
    {
        int parentPosition = (i - 1) / 2;

        if (elements[parentPosition].Data > elements[i].Data)
        {
            SwapElements(parentPosition, i);
        }
    }
}

private void SwapElements(int firstIndex, int secondIndex)
{
    HeapNode tmp = elements[firstIndex];
    elements[firstIndex] = elements[secondIndex];
    elements[secondIndex] = tmp;
}
```

OrderHeap()方法为私有方法，是整个 MinHeap 类的核心。该方法主要用于维护数据集的堆序性。该方法首先会根据数据集中元素的数量建立一个 for 循环，再从数据集的末尾一直循环到顶端。

正因为我们知道位于 i 处的对象的两个子节点的序号分别为 2i+1 和 2i+2，那么反过来，若子节点位于 i 处，其父节点的序号就应为(i−1)/2。要使该公式可用，其计算结果必须为整数，若实际运算结果为浮点数的话，则会将浮点部分略去，只保留结果的整数部分。OrderHeap()方法使用 int parentPosition = (i - 1) / 2; 代码实现了该算法，保证了堆结构的二叉特性。

通过使用上述公式, min 堆的 for 循环首先会求出当前节点的父节点序号。然后, 将当前节点的 Data 字段与其父节点进行比较, 若父节点的值更大, 该方法会调用 SwapElements(parentPosition, i)。结束了所有节点的检查后, 该方法完成, 且数据集的堆序具有一致性。

 需要注意的是, 若将 if 判断条件中的两个操作数位置互换, 或将>运算符改为<, 则会将这个最小堆改为最大堆。这个技巧非常有用, 可以非常方便地创建一个堆数据集, 并能在运行时将该数据集定义为最大堆或最小堆。

SwapElements(int firstIndex, int secondIndex)方法非常好理解, 该方法的传入参数是两个给定节点的序号。该方法会交换这两个节点的位置, 用来保证堆序性。

```
public List<HeapNode> GetChildren(int parentIndex)
{
    if (parentIndex >= 0)
    {
        List<HeapNode> children = new List<HeapNode>();
        int childIndexOne = (2 * parentIndex) + 1;
        int childIndexTwo = (2 * parentIndex) + 2;
        children.Add(elements[childIndexOne]);
        children.Add(elements[childIndexTwo]);
        return children;
    }

    return null;
}
```

GetChildren(int parentIndex)方法使用了相同的规则, 可根据节点 i 的位置确定其子节点分别位于 $2i+1$ 和 $2i+2$, 来获取并返回给定节点序号的子节点。该方法首先会确认 parentIndex 不小于 0, 否则会返回 null。若 parentIndex 有效, 该方法会新建一个名为 children 的 List<Heapnode>, 并通过计算出的子节点序号将这些子节点放入 children 中再返回。

```
public HeapNode GetParent(int childIndex)
{
    if (childIndex > 0 && elements.Count > childIndex)
    {
        int parentIndex = (childIndex - 1) / 2;
```

```
        return elements[parentIndex];
    }

    return null;
}
```

GetParent(int childIndex) 方法与 GetChildren 工作原理相同。若给定的 childIndex 大于 0，表明该节点拥有父节点。该方法首先会确认当前给定的序号不为根节点序号，并且该序号未超出数据集的边界。若上述判断为假，方法会返回 null。否则，方法会计算出给定 childIndex 的父节点序号，并返回该父节点。

Java

Java 也提供了必需的基础工具以便轻松地构建一个 MinHeap 类的稳定实现。以下是 Java 中 MinHeap 类的具体实现：

```
List<HeapNode> elements;

public int size()
{
    return elements.size();
}

public MinHeap()
{
    elements = new ArrayList<HeapNode>();
}
```

MinHeap 类包含一个 List<HeapNode>抽象类型的名为 elements 的公共字段，用于表示堆数据集。该类还包含了一个名为 size()的公共方法，用于返回数据集中元素的总数。最后，构造函数会将 elements 数据集初始化为一个 ArrayList<HeapNode>对象。

```
public void insert(HeapNode item)
{
    elements.add(item);
    orderHeap();
}
```

insert(HeapNode item) 方法以 HeapNode 对象作为传入参数，并将该对象添加进数据集中。一旦对象添加完成，该方法会调用 orderHeap()，确保新加入的对象处于堆中的正确位置，保证堆序不变。

```
public void delete(HeapNode item)
{
    int i = elements.indexOf(item);
    int last = elements.size() - 1;

    elements.set(i, elements.get(last));
    elements.remove(last);
    orderHeap();
}
```

delete(HeapNode item)方法将 HeapNode 对象作为传入参数，并将该对象从数据集中删除。该方法首先会查找需删除对象的序号，再获取数据集中最末对象的序号。然后，该方法用堆中最末对象覆盖掉需删除的对象，并将原最末对象节点删除。最后，该方法会调用 orderHeap()，以确保最终的数据集满足堆序性的要求。

```
public HeapNode extractMin()
{
    if (elements.size() > 0)
    {
        HeapNode item = elements.get(0);
        delete(item);
        return item;
    }

    return null;
}
```

extractMin()方法首先确认 elements 数据集中至少有一个元素。若判断结果为假，该方法返回 null。否则，该方法会新建一个名为 item 的 HeapNode 实例，并将其置为该数据集的根节点，即具有最小值或最低优先级的节点。然后，该方法会调用 delete(item)来将这个节点从数据集中删除。最后，由于 extractMin 方法必须要返回一个对象，所以将 item 返回至调用方。

```
public HeapNode findMin()
{
    if (elements.size() > 0)
    {
        return elements.get(0);
    }

    return null;
}
```

findMin() 方法除了不会将返回的最小值从数据集中删除以外，其他细节与 extractMin() 方法非常相似。该方法首先会确认 elements 数据集中至少有一个元素。若判断结果为假，该方法返回 null。否则，该方法会调用 elements.get(0) 来返回数据集中的根节点。

```
private void orderHeap()
{
    for (int i = elements.size() - 1; i > 0; i--)
    {
        int parentPosition = (i - 1) / 2;

        if (elements.get(parentPosition).Data > elements.get(i).Data)
        {
            swapElements(parentPosition, i);
        }
    }
}


private void swapElements(int firstIndex, int secondIndex)
{
    HeapNode tmp = elements.get(firstIndex);
    elements.set(firstIndex, elements.get(secondIndex));
    elements.set(secondIndex, tmp);
}
```

orderHeap() 方法为私有方法，主要用于维护数据集的堆序性。该方法首先会根据数据集中元素的数量建立一个 for 循环，再从数据集的末尾一直循环到其顶端。

通过使用堆的特征公式，for 循环首先会求出当前节点的父节点序号。然后，将当前节点的 Data 字段与其父节点进行比较，若父节点的值更大，该方法会调用 swapElements(parentPosition, i)。当结束了所有节点的检查后，方法完成，且数据集的堆序具有一致性。

swapElements(int firstIndex, int secondIndex) 方法非常好理解。该方法的传入参数是两个给定节点的序号，该方法会交换这两个节点的位置，用来保证堆序性。

```
public List<HeapNode> getChildren(int parentIndex)
{
    if (parentIndex >= 0)
    {
        ArrayList<HeapNode> children = new ArrayList<HeapNode>();
        int childIndexOne = (2 * parentIndex) + 1;
        int childIndexTwo = (2 * parentIndex) + 2;
```

```
        children.add(elements.get(childIndexOne));
        children.add(elements.get(childIndexTwo));

        return children;
    }

    return null;
}
```

getChildren(int parentIndex) 方法使用了相同的规则，可根据节点 *i* 的位置确定其子节点分别位于 2*i*+1 和 2*i*+2，来获取并返回给定节点序号的子节点。该方法首先会确认 parentIndex 不小于 0，否则会返回 null。若 parentIndex 有效，该方法会新建一个名为 children 的 ArrayList<Heapnode>，并通过计算出的子节点序号将这些子节点放入 children 中再返回。

```
public HeapNode getParent(int childIndex)
{
    if (childIndex > 0 && elements.size() > childIndex)
    {
        int parentIndex = (childIndex - 1) / 2;
        return elements.get(parentIndex);
    }

    return null;
}
```

getParent(int childIndex) 方法与 getChildren 工作原理相同。若给定的 childIndex 大于 0，表明该节点拥有父节点。该方法首先会确认当前给定的序号不为根节点序号，并且该序号未超出数据集的边界。若上述判断为假，方法会返回 null。否则，方法会计算出给定 childIndex 的父节点序号，并返回该父节点。

Objective-C

Objective-C 可以将 NSMutableArray 作为核心结构，从而轻松地实现一个最小堆结构。以下是 Objective-C 中 EDSMinHeap 类的具体实现：

```
@interface EDSMinHeap()
{
    NSMutableArray<EDSHeapNode*> *_elements;
}

@implementation EDSMinHeap
```

```
-(instancetype)initMinHeap{
    if (self = [super init])
    {
        _elements = [NSMutableArray array];
    }
    return self;
}
```

使用 NSMutableArray 类簇可为 EDSMinHeap 类创建一个名为 _elements 的实例变量。初始化器将这个数组实例化，并提供了构建 EDSMinHeap 类的底层数据结构。

```
-(NSInteger)getCount
{
    return [_elements count];
}
```

EDSMinHeap 类拥有一个名为 Count 的公共属性，并由访问器 getCount()返回 _elements 数组的 count 属性。

```
-(void)insert:(EDSHeapNode*)item
{
    [_elements addObject:item];
    [self orderHeap];
}
```

insert:方法将 EDSHeapNode 对象作为传入参数，并将该对象添加进数据集中。一旦对象添加完成，该方法会调用 orderHeap，确保新加入的对象处于堆中的位置正确，保证堆序不变。

```
-(void)delete:(EDSHeapNode*)item
{
    long i = [_elements indexOfObject:item];
    _elements[i] = [_elements lastObject];
    [_elements removeLastObject];
    [self orderHeap];
}
```

delete:方法将 EDSHeapNode 对象作为传入参数，并将该对象从数据集中删除。该方法首先会用 indexOfObject:查找出需删除对象的序号，再用堆中最末对象 lastObject 覆盖掉需删除的对象，然后调用 removeLastObject 将原最末对象节点删除。最后，该方法会调用 orderHeap:以确保最终的数据集满足堆序性的要求。

```
-(EDSHeapNode*)extractMin
{
    if ([_elements count] > 0)
    {
        EDSHeapNode *item = _elements[0];
        [self delete:item];
        return item;
    }
    return nil;
}
```

extractMin 方法首先会确认 _elements 数据集中至少有一个元素。若判断结果为假，该方法返回 nil。否则，该方法会新建一个名为 item 的 EDSHeapNode 实例，并将其置为该数据集的根节点，即具有最小值或最低优先级的节点。然后，该方法会调用 delete:将这个节点从数据集中删除。最后，由于 extractMin 方法必须要返回一个对象，所以将 item 返回至调用方。

```
-(EDSHeapNode*)findMin
{
    if ([_elements count] > 0)
    {
        return _elements[0];
    }
    return nil;
}
```

findMin 方法除了不会将返回的最小值从数据集中删除以外，其他细节与 extractMin 方法非常相似。该方法首先会确认 _elements 数据集中至少有一个元素。若判断结果为假，该方法返回 nil。否则，该方法会返回数据集的第一个节点，即根节点。

```
-(void)orderHeap
{
    for (long i = [_elements count] - 1; i > 0; i--)
    {
        long parentPosition = (i - 1) / 2;
        if (_elements[parentPosition].data > _elements[i].data)
        {
            [self swapElement:parentPosition withElement:i];
        }
    }
}
```

```
-(void)swapElement:(long)firstIndex withElement:(long)secondIndex
```

```
{
    EDSHeapNode *tmp = _elements[firstIndex];
    _elements[firstIndex] = _elements[secondIndex];
    _elements[secondIndex] = tmp;
}
```

orderHeap 方法为私有方法，主要用于维护数据集的堆序性。该方法首先会根据数据集中元素的数量建立一个 for 循环，再从数据集的末尾一直循环到顶端。

通过使用堆的特征公式，for 循环首先会求出当前节点的父节点序号。然后，将当前节点的 data 字段与其父节点进行比较，若父节点的值更大，该方法会调用 swapElement: withElement:。当结束了所有节点的检查后，该方法完成，此时数据集的堆序具有一致性。

swapElement:withElement:方法非常好理解，该方法的传入参数是两个给定节点的序号，它会交换这两个节点的位置来保证堆序性。

```
-(NSArray<EDSHeapNode*>*)childrenOfParentIndex:(NSInteger)parentIndex
{
    if (parentIndex >= 0)
    {
        NSMutableArray *children = [NSMutableArray array];
        long childIndexOne = (2 * parentIndex) + 1;
        long childIndexTwo = (2 * parentIndex) + 2;
        [children addObject:_elements[childIndexOne]];
        [children addObject:_elements[childIndexTwo]];
        return children;
    }
    return nil;
}
```

childrenOfParentIndex:方法使用了相同的规则，可根据节点 i 的位置确定其子节点分别位于 $2i+1$ 和 $2i+2$ 的位置，然后获取并返回给定节点序号的子节点。该方法首先会确认 parentIndex 不小于 0，否则会返回 nil。若 parentIndex 有效，该方法会新建一个名为 children 的 NSMutableArray，并通过计算出的子节点序号将这些子节点放入 children 中再返回。

```
-(EDSHeapNode*)parentOfChildIndex:(NSInteger)childIndex
{
    if (childIndex > 0 && [_elements count] > childIndex)
    {
        long parentIndex = (childIndex - 1) / 2;
        return _elements[parentIndex];
    }
```

```
        return nil;
    }
```

`parentOfChildIndex:`方法与 `childrenOfParentIndex:`工作原理相同。若给定的 `childIndex` 大于 0，表明该节点拥有父节点。该方法首先会确认当前给定的序号不为根节点序号，并且该序号未超出数据集的边界。若上述判断为假，方法会返回 `nil`。否则，方法会计算出给定 `childIndex` 的父节点序号，并返回该父节点。

Swift

Swift 中的 `MinHeap` 类在结构和功能上与 C#和 Java 中的实现较为相似。以下是 Swift 中 `MinHeap` 类的具体实现：

```swift
public var _elements: Array = [HeapNode]()
public init () {}

public func getCount() -> Int
{
    return _elements.count
}
```

使用 `Array` 类，可为 `MinHeap` 类创建一个名为_elements 的私有属性。由于类中的属性是被同时声明和实例化的，因此实例化过程不需要添加其他的自定义代码，也不用再定义显式的公共初始化器，仅使用默认的初始化器即可。该类还提供了一个名为 `getCount()` 的公共方法，用于返回_elements 数组的长度。

```swift
public func insert(item: HeapNode)
{
    _elements.append(item)
    orderHeap()
}
```

`insert(HeapNode item)`方法以 `HeapNode` 对象作为传入参数，并将该对象添加进数据集中。一旦对象添加完成，该方法会调用 `orderHeap()`，确保新加入的对象处于堆中的正确位置，保证堆序不变。

```swift
public func delete(item: HeapNode)
{
    if let index = _elements.index(of: item)
    {
        _elements[index] = _elements.last!
        _elements.removeLast()
```

```
        orderHeap()
    }
}
```

delete(HeapNode item)方法将 HeapNode 对象作为传入参数，并将该对象从数据集中删除。该方法首先会查找出需删除对象的 index，再用堆中最末对象 last 覆盖掉需删除的对象，并将该节点删除。最后，该方法会调用 orderHeap()，以确保最终的数据集满足堆序性的要求。

```swift
public func extractMin() -> HeapNode?
{
    if (_elements.count > 0)
    {
        let item = _elements[0]
        delete(item: item)
        return item
    }
    return nil
}
```

extractMin()方法首先确认 _elements 数据集中至少有一个元素。若判断结果为假，该方法返回 nil。否则，该方法会新建一个名为 item 的变量，并将其置为该数据集的根节点，即具有最小值或最低优先级的 HeapNode。然后，该方法会调用 delete(item: Heapnode)来将这个节点从数据集中删除。最后该方法将 item 返回至调用方。

```swift
public func findMin() -> HeapNode?
{
    if (_elements.count > 0)
    {
        return _elements[0]
    }
    return nil
}
```

findMin()方法除了不会将返回的最小值从数据集中删除以外，其他细节与 extractMin()方法非常相似。该方法首先会确认 _elements 数据集中至少有一个元素。若判断结果为假，该方法返回 nil。否则，该方法会返回 _elements[0]，即数据集的根节点。

```swift
public func orderHeap()
{
    for i in (0..<(_elements.count) - 1).reversed()
    {
```

```
        let parentPosition = (i - 1) / 2

        if (_elements[parentPosition].data! > _elements[i].data!)
        {
            swapElements(first: parentPosition, second: i)
        }
    }
}

public func swapElements(first: Int, second: Int)
{
    let tmp = _elements[first]
    _elements[first] = _elements[second]
    _elements[second] = tmp
}
```

orderHeap()方法为私有方法,主要用于维护数据集的堆序性。该方法首先会根据数据集中元素的数量建立一个 for 循环,再从数据集的末尾一直循环到顶端。

通过使用堆的特征公式,for 循环首先会求出当前节点的父节点序号。然后,将当前节点的 data 字段与其父节点进行比较,若父节点的值更大,该方法会调用 public func swapElements(first: Int, second: Int)。当结束了所有节点的检查后,该方法完成,此时数据集的堆序具有一致性。

public func swapElements(first: Int, second: Int)方法非常好理解,该方法的传入参数是两个给定节点的序号,它会交换这两个节点的位置,用来保证堆序性。

```
public func getChildren(parentIndex: Int) -> [HeapNode]?
{
    if (parentIndex >= 0)
    {
        var children: Array = [HeapNode]()
        let childIndexOne = (2 * parentIndex) + 1;
        let childIndexTwo = (2 * parentIndex) + 2;
        children.append(_elements[childIndexOne])
        children.append(_elements[childIndexTwo])
        return children;
    }
    return nil;
}
```

getChildren(parentIndex: Int)方法使用了相同的规则,可根据节点 i 的位置确定其子节点分别位于 $2i+1$ 和 $2i+2$ 的位置,然后获取并返回给定节点序号的子节点。该方法首先会确认 parentIndex 不小于 0,否则会返回 nil。若 parentIndex 有效,该方法会新建一个名为 children 的 HeapNode 对象数组,并通过计算出的子节点序号将这些子节点放入 children 中再返回。

```
public func getParent(childIndex: Int) -> HeapNode?
{
    if (childIndex > 0 && _elements.count > childIndex)
    {
        let parentIndex = (childIndex - 1) / 2;
        return _elements[parentIndex];
    }
    return nil;
}
```

getParent(childIndex: Int)方法与 getChildren 工作原理相同。若给定的 childIndex 大于 0,表明该节点拥有父节点。该方法首先会确认当前给定的序号不为根节点序号,并且该序号未超出数据集的边界。若上述判断为假,方法会返回 nil。否则,方法会计算出给定 childIndex 的父节点序号,并返回该父节点。

10.5 常见应用场景

虽然你可能没有发觉,但实际上堆数据结构的应用十分广泛。以下是堆数据结构最常见的一些应用场景。

- **选择算法**(**selection algorithm**):选择算法可从数据集中选出第 k 个最大或最小的元素,或数据集中具有中位数的对象。在典型的数据集中,该操作的复杂度为 $O(n)$。然而,在已排序堆的数组实现中,该操作的复杂度为 $O(1)$,这是因为对于基于数组的堆而言,只需要找到数组中的第 k 个元素即可。
- **优先级队列**(**priority queue**):优先级队列是一种抽象数据结构,除了其中的节点含有用于描述优先级的额外数值以外,其结构与标准的队列非常相似。由于堆数据结构天生具有排序特性,因此常被用于实现优先级队列。

10.6 小结

本章我们学习了堆数据结构。我们首先研究了堆的基本操作及其算法代价。然后,我们从零开始构建了一个简易的最小堆数据结构类,并讨论了如何使用最小堆特征公式来根据给定节点序号计算出其父节点和子节点的序号。最后,我们学习了使用堆结构的常见应用场景。

第 11 章
图：互相连接的对象

图（**graph**）是我们学习的最后一种数据结构。这种数据结构由一组不具备特定结构性关系的对象组成，而数据集的每个对象可拥有指向一个或多个其他对象的连接。图中的对象通常被称为节点、顶点或是点。对象之间的连接通常被称为边、线或弧。这些连接可以为简易的引用，也可以是含有值的对象。更正规地说，图为一对集合(N,E)，其中 N 是数据集中的节点集合，而 E 是数据集中边的集合。

社交媒体数据库中个人之间的可视化关系就是图的一种典型应用。该数据库中的每个人都为图中的一个节点，而此人与他朋友圈里其他人之间的关系为图中的边。可以预想到的是，在这样一个朋友圈中，人与人之间的关系会非常错综复杂，并且他们之间会有许多相同的朋友或同事。当使用树或堆来试图理清这些集合时，它们的结构会迅速崩溃，而图这种数据结构正是为了解决这类问题而设计的，它可以很好地满足用户需求。

本章将涵盖以下主要内容：

- 图数据结构的定义；
- 概念图示；
- 基本操作；
- 图的实现。

11.1 概念图示

通过图示的方法读者能更容易地掌握图数据结构的概念。研究图 11-1。

图 11-1 展示了一个基本的图结构，该图由 11 个节点和 12 条边组成。集合 N 和集合 E 可以表示为：

$$N=\{2,3,4,5,9,11,19,38,52,77,97\}$$

$$E=\{2:38,2:77,2:97,3:19,4:77,5:2,5:19,11:2,11:4,11:5,11:52,77:9\}$$

注意，这个示例的节点之间只存在单向边。这完全可行，但若允许使用双向边的话，图的功能会更加强大，如图 11-2 所示。

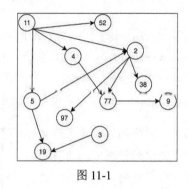
图 11-1

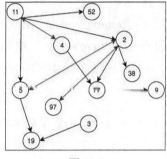
图 11-2

图 11-2 与之前的示例几乎相同，区别在于这里的集合 E 中多了几条已存在节点之间的双向边。集合 N 和集合 E 在这里可表示为：

$N=\{2,3,4,5,9,11,19,38,52,77,97\}$

$E=\{2:5,2:38,2:77,2:97,3:19,4:11,4:77,5:2,5:19,11:2,11:4,11:5,11:52,77:9,97:2\}$

最后，我们也可定义节点之间的边具有特定值，如图 11-3 所示。

在这个图示中，我们可以看到该图具有 6 个节点和 7 条边。其中的边被进一步定义为含有特定权值的边。这些权值不一定只能为整数，还可根据需要定义为任何类型的数据或自定义对象。该图中的集合 N 和集合 E 可表示为：

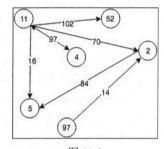
图 11-3

$N=\{2,4,5,52,97\}$

$E=\{2:5(84),4:11(97),11:2(70),11:4(97),11:5(16),11:52(102),97:2(14)\}$

11.2　图的操作

图支持节点之间的双向引用，并且节点几乎可拥有无数多的邻节点，为了实现该数据集，非常有必要定义两个基本对象。一个为构成图的节点，一个为图数据集本身。若实现支持含有数值的边，则还可对边进行定义。需要注意的是，图的某些基本操作可能会被分解为多个类中的组件。

- **添加节点（AddNode）**：根据对图进行定义的语言的不同，该操作有时又被称为**添加顶点（AddVertex）**或**添加点（AddPoint）**。该操作会在图中加入一个新节点，但不对该节点到其相邻节点的边或引用进行定义。由于新添加的节点不一定需要相邻节点，因此该操作的复杂度为 $O(1)$。需要注意的是，该操作只能在图数据集对象中进行实现。

- **删除节点**（**RemoveNode**）：根据对图进行定义的语言的不同，该操作有时又被称为**删除顶点**（**RemoveVertex**）或**删除点**（**RemovePoint**）。该操作会从图中删除特定节点，并同时删除该节点与其相邻节点之间的边或引用。该操作的复杂度为 $O(n+k)$，其中 n 为图中节点总数，k 为图中边的总数。该操作只能在图数据集对象中进行实现。

> 对于一个简单的删除操作而言，这样的复杂度或许有些太高了，但时刻要记住的是，图中的引用可以为双向引用，这也表示图中的某个节点含有指向其他节点的边的同时，其他的这些节点也可能含有指回该节点的边。
>
> 这么做还考虑到了图对含有权值的边的支持。在这种情况下，必须对每条边逐一检查，以找出那些指向被删除节点的边，并将这些边从图中删除。图中的边通常为对象之间的指针，若将某个对象置为 null 或 nil，则可删除指向该对象的任何一条边，这样会将操作复杂度降低至 $O(1)$。

- **添加边**（**AddEdge**）：根据对节点进行定义的语言的不同，该操作有时又被称为**添加弧**（**AddArc**）或**添加线**（**AddLine**）。该操作会为节点 x 添加一条指向节点 y 的边。该操作在数据集对象和节点对象中均进行了实现。在节点层面，该操作只会将目标节点 y 作为传入参数；而在图的层面，必须同时将节点 x 和节点 y 作为传入参数。若图支持含有权值的边，则还需将新的权值作为传入参数传递给图。由于图还支持节点之间的双向边，因此在添加该边之前，不需要判断是否存在从节点 y 指向节点 x 的边。这意味着给节点之间添加新边会是一个简单的过程，其操作复杂度为 $O(1)$。

- **删除边**（**RemoveEdge**）：根据对节点进行定义的语言的不同，该操作有时又被称为**删除弧**（**RemoveArc**）或**删除线**（**RemoveLine**）。该操作会判断是否存在从节点 x 指向节点 y 的边，并将其删除。在节点层面，该操作只会将目标节点 y 作为传入参数；在图的层面，必须同时将节点 x 和节点 y 作为传入参数。若图支持含有权值的边，则还需将该权值作为传入参数传递给图。由于图还支持节点之间的双向边，因此删除从节点 x 指向节点 y 的边并不会影响从节点 y 指向节点 x 的边，操作的复杂度为 $O(1)$。

- **获取节点值**（**GetNodeValue**）：根据对节点进行定义的语言的不同，该操作有时又被称为**获取顶点值**（**GetVertexValue**）或**获取点值**（**GetPointValue**）。该操作会返回当前节点所含的值，无论该值为原始类型的数据还是某种自定义的对象类型，其操作复杂度为 $O(1)$。该操作可在图的层面或节点层面进行定义，若定义为图对象的一部分时，需向该操作提供对应的节点作为其传入参数。

- **设置节点值**（**SetNodeValue**）：根据对节点进行定义的语言的不同，该操作有时又被称为**设置顶点值**（**SetVertexValue**）或**设置点值**（**SetPointValue**）。该操作会为节点进行赋值，其操作复杂度为 $O(1)$。同样的，该操作可在图的层面或节点层面进行定义，若定义为图对象的一部分时，需向该操作提供对应的节点作为其传入参数。

- **是否相邻**（**Adjacent**）：该操作会判断是否存在从节点 x 指向节点 y 的边，并通常会返回一个布尔值来表示该判断结果。该操作通常定义在图的层面，需要将节点 x 和节点 y 作为传入参数。该操作的复杂度为 $O(1)$。

- **获取相邻节点**（**Neighbors**）：该操作与树结构中的获取子节点操作相似。该操作会返回一组由节点 y 构成的列表，其中节点 y 为从节点 x 出发的边所指向的节点。该操作通常定义在图的层面，需要提供节点 x 作为传入参数。该操作的复杂度为 $O(1)$。

- **计数**（**Count**）：和其他数据集的计数操作一样，该操作会返回图中的节点总数。虽然根据实现方式的不同，其操作代价也有差别，但通常情况下，该操作的复杂度为 $O(1)$。

- **获取边权值**（**GetEdgeValue**）：根据对节点进行定义的语言的不同，该操作有时又被称为**获取弧权值**（**GetArcValue**）或**获取线权值**（**GetLineValue**）。若图支持含有权值的边，该操作会返回当前边所含的权值，无论该权值是原始类型的数据还是某种自定义的对象类型，其操作复杂度均为 $O(1)$。该操作还可定义为节点对象的一部分，这时需向该操作提供对应的边作为其传入参数。

- **设置边权值**（**SetEdgeValue**）：根据对节点进行定义的语言的不同，该操作有时又被称为**设置弧权值**（**SetArcValue**）或**设置线权值**（**SetLineValue**）。该操作可为当前边设置权值，其操作复杂度为 $O(1)$。该操作还可定义为节点对象的一部分，这时需向该操作提供对应的边作为其传入参数。

11.3　图的实现

同堆一样，图是某种形式的树结构，因此在本书所讨论的开发语言中不能找到其原生的具体实现。然而，图这种数据结构非常易于实现，这里我们将从零开始构建一个 Graph 类。

11.4　图数据结构

在开始之前，需要详细说明一下我们将构建的图结构所应具有的特征。该图支持独立

节点，即不含有指向别的节点的边，或不被其他节点的边指向的节点。该图还支持独占边
和双向边。简洁起见，示例图中的边不支持权值，但想在自己的实现中使用该功能的话，
可自行添加该功能，其过程非常简单。

　　该图由两个类组成。第一个类为 Graph 本身，它在这个实现中含有大多数的标准图操
作。第二个为 GraphNode 类，用于表示数据集中的节点。需要注意的是，这个类也可能
会被命名为 GraphVertex 或 GraphPoint，但同第 9 章中 Node 类的示例一样，其本质
还是节点。

　　Graph 类将会基于数组或列表进行实现，这些数组和列表包含由根节点指向其他节点
的引用。每个 GraphNode 对象也会包含由指向其他节点的引用构成的数组或列表。在这
个实现中，这些引用代表了数据结构中的边。这个类还可通过一组已存在的 GraphNode
对象从零开始实例化一个图。节点的增加与删除、边的增加与删除操作将会在 Graph 类中
进行实现。该 Graph 类还会包含检查节点是否相邻、获取相邻节点、对数据集中所有节点
计数等功能。

C#

C#并不直接提供对具体 Graph 类或 GraphNode 类的支持，因此需要自行对其进行构
建。这里将会先从 GraphNode 类开始构建，以下是 C#中 GraphNode 类的基础实现：

```csharp
public class GraphNode
{
    public Int16 Value;

    private List<GraphNode> _neighbors;
    public List<GraphNode> Neighbors
    {
        get
        {
            return _neighbors;
        }
    }

    public GraphNode()
    {
        _neighbors = new List<GraphNode>();
    }

    public GraphNode(Int16 value)
    {
```

```
            _neighbors = new List<GraphNode>();
            Value = value;
        }
    }
```

这个类非常简单，包含一个名为 Value 的公共字段，用于存放整型数据，另一个名为 _neighbors 的私有 List<GraphNode> 对象用于表示当前节点及其相邻节点之间的边。该类还含有两个构造函数，它们将会对 _neighbors 列表进行实例化。重载的 GraphNode(Int16 value) 构造函数还允许在当前节点实例化时对该节点赋值。

接下来对图的功能进行实现。以下是 C#中 Graph 类的具体实现：

```
private List<GraphNode> _nodes;
public List<GraphNode> Nodes
{
    get
    {
        return _nodes;
    }
}

public Graph(List<GraphNode> nodes)
{
    if (nodes == null)
    {
        _nodes = new List<GraphNode>();
    }
    else
    {
        _nodes = nodes;
    }
}
```

这个 Graph 类含有一个名为 Nodes 的公共字段，该字段是一个 List<GraphNode> 数据集，公开了对私有 List<GraphNode> _nodes 字段的只读访问。该字段用于维护当前节点指向其相邻节点的边。最后，构造函数以 List<Graphnode> 类型的对象作为传入参数，若不为 null，就将其赋给 _nodes，否则，会对 _nodes 数据集进行初始化。

```
public void AddNode(GraphNode node)
{
    _nodes.Add(node);
}
```

```
public void AddNodeForValue(Int16 value)
{
    _nodes.Add(new GraphNode(value));
}
```

Graph 类中的头两个公共方法分别为 AddNode(GraphNode node) 和 AddNodeFor Value(Int16 value)，这两个方法为该类实现了添加节点的功能。第一个方法会将某个预先存在的节点添加到 _nodes 数据集中，第二个方法会根据传入的 value 实例化一个新节点，并将该节点添加到 _nodes 数据集中。这两个方法仅用于添加节点，不会向图中添加任何一条边，因此它们的操作代价为 $O(1)$。

```
public bool RemoveNode(Int16 value)
{
    GraphNode nodeToRemove = _nodes.Find(n => n.Value == value);
    if (nodeToRemove == null)
    {
        return false;
    }
    _nodes.Remove(nodeToRemove);

    foreach (GraphNode node in _nodes)
    {
        int index = node.Neighbors.IndexOf(nodeToRemove);
        if (index != -1)
        {
            node.Neighbors.RemoveAt(index);
        }
    }
    return true;
}
```

RemoveNode(Int16 value) 方法为 Graph 类提供了删除节点的功能。该方法的传入参数为名为 value 的 Int16 类型数据，用于表示调用方欲删除的节点。该方法首先用 **LINQ** 声明来检查数据集中的每个节点，查找与 value 相匹配的节点。若没有找到匹配的节点，该方法会返回 false。否则，会从 _nodes 数据集中删除相应的节点，并执行后续代码。

该方法的后半部分将会循环访问数据集中的所有节点，对每个节点的相邻节点进行检查，查找与 nodeToRemove 相匹配的节点。若找到了相匹配的相邻节点，意味着 node 对象含有指向 nodeToRemove 对象的边，该方法会获取匹配相邻节点的序号值。使用该 index 值可从 node.Neighbors 数据集中删除对应的 nodeToRemove 对象，从而删除对应的边。

正如之前在图的操作中讨论的那样，RemoveNode 操作的复杂度为 $O(n+k)$，其中 n 为图中节点的总数，k 为图中边的总数。在 RemoveNode(Int16 value)方法中，前半部分代码代表了式中的 n，后半部分代码代表了式中的 k。

```
public void AddEdge(GraphNode from, GraphNode to)
{
    from.Neighbors.Add(to);
}

public void AddBidirectedEdge(GraphNode from, GraphNode to)
{
    from.Neighbors.Add(to);
    to.Neighbors.Add(from);
}
```

AddEdge(GraphNode from, GraphNode to)和 AddBidirectedEdge(GraphNode from, GraphNode to)方法为 Graph 类提供了添加边的功能。第一个方法是添加边的标准操作，第二个方法能够方便地添加双向引用。第一个方法的复杂度为 $O(1)$，第二个方法在实际应用中的复杂度为 $O(2)$。

```
public bool Adjacent(GraphNode from, GraphNode to)
{
    return from.Neighbors.Contains(to);
}
```

Adjacent(GraphNode from, GraphNode to)方法会返回一个用于表示 from 和 to 两节点之间是否存在边的布尔值。该方法具有方向性，即会判断 from 节点是否含有指向 to 节点的边，并不会检查从 to 指向 from 的边。由于该方法是基于 contains 函数构建的，因此它的复杂度为 $O(n)$，其中 n 是 from.Neighbors 所含的边的总数。

```
public List<GraphNode> Neighbors(Int16 value)
{
    GraphNode node = _nodes.Find(n => n.Value == value);
    if (node == null)
    {
        return null;
    }
    else
    {
        return node.Neighbors;
```

```
    }
}
```

Neighbors(Int16 value)方法为 Graph 类提供了查看相邻节点的功能。该方法的传入参数为名为 value 的 Int16 类型数据，用于表示调用方需访问的节点。该方法首先用 **LINQ** 声明来检查数据集中的每个节点，查找与 value 相匹配的节点。若没有找到匹配的节点，该方法会返回 null。否则，会返回匹配到节点的 Neighbors 数据集。若事先已知 GraphNode 对象，该操作的代价为 $O(1)$。然而，由于该方法在 Graph 层面对整个 _nodes 数据集进行了查找，以求找到与特定值相匹配的节点，因此该方法的复杂度为 $O(n)$。

```
public int Count
{
    get
    {
        return _nodes.Count;
    }
}
```

Count 为只读字段，会返回_nodes.Count 以表示数据集中包含的节点总数。该字段为 Graph 类提供了计数功能，其复杂度为 $O(1)$。

Java

与 C#相同，Java 并不直接提供对具体 Graph 类或 GraphNode 类的支持，因此需要自行对其进行构建。这里同样会先从 GraphNode 类开始构建，以下是 Java 中 GraphNode 类的基础实现：

```
public class GraphNode
{
    public int Value;

    private LinkedList<GraphNode> _neighbors;
    public LinkedList<GraphNode> GetNeighbors()
    {
        return _neighbors;
    }

    public GraphNode()
    {
        _neighbors = new LinkedList<GraphNode>();
    }
```

```
    public GraphNode(int value)
    {
        _neighbors = new LinkedList<GraphNode>();
        Value = value;
    }
}
```

这个类非常简单，包含一个名为 Value 的公共字段，用于存放整型数据，另 个名为 _neighbors 的私有 LinkedList<GraphNode>对象用于表示当前节点及其相邻节点之间的边。该类还拥有一个名为 GetNeighbors() 的公共方法，用于公开私有的 _neighbors 列表。该类还含有两个构造函数，它们将对 _neighbors 列表进行实例化。重载的 GraphNode(int value) 构造函数还允许在当前节点实例化时对该节点赋值。

接下来对图的功能进行实现。以下是 Java 中 Graph 类的具体实现：

```
private LinkedList<GraphNode> _nodes;
public LinkedList<GraphNode> GetNodes()
{
    return _nodes;
}

public Graph(){
    _nodes = new LinkedList<GraphNode>();
}

public Graph(LinkedList<GraphNode> nodes)
{
    _nodes = nodes;
}
```

这个 Graph 类含有一个私有字段，该字段是一个名为 _nodes 的 List<GraphNode> 数据集。相应地，类中还定义了一个公共的 GetNodes() 方法，以公开对私有 List<GraphNode> _nodes 字段的只读访问。该字段用于维护当前节点指向其相邻节点的边。最后，构造函数将 LinkedList<GraphNode>类型的对象作为传入参数，若不为 null，就将其赋给 _nodes，否则，会对 _nodes 数据集进行初始化。

```
public void AddNode(GraphNode node)
{
    _nodes.add(node);
}
```

```
public void AddNodeForValue(int value)
{
    _nodes.add(new GraphNode(value));
}
```

Graph 类中的头两个公共方法为 AddNode(GraphNode node) 和 AddNodeForValue(int value)，这两个方法为该类实现了添加节点的功能。第一个方法会将某个预先存在的节点添加到 _nodes 数据集中，第二个方法会根据传入的 value 实例化一个新节点，并将该节点添加到 _nodes 数据集中。这两个方法仅用于添加节点，不会向图中添加任何一条边，因此它们的操作代价为 $O(1)$。

```
public boolean RemoveNode(int value)
{
    GraphNode nodeToRemove = null;
    for (GraphNode node : _nodes)
    {
        if (node.Value == value)
        {
            nodeToRemove = node;
            break;
        }
    }

    if (nodeToRemove == null)
    {
        return false;
    }

    _nodes.remove(nodeToRemove);

    for (GraphNode node : _nodes)
    {
        int index = node.GetNeighbors().indexOf(nodeToRemove);
        if (index != -1)
        {
            node.GetNeighbors().remove(index);
        }
    }
    return true;
}
```

RemoveNode(int value) 方法为 Graph 类提供了删除节点的功能。该方法的传入参数为名为 value 的 int 类型数据，用于表示调用方欲删除的节点。该方法首先会循环访问数据集中的每个节点，查找与 value 相匹配的节点。若没有找到匹配的节点，该方法会返回 false。否则，会调用 remove(E) 函数从 _nodes 数据集中删除相应的节点，并执行后续代码。

该方法的后半部分将会循环访问数据集中的所有节点，对每个节点的相邻节点进行检查，查找与 nodeToRemove 相匹配的节点。若找到了相匹配的相邻节点，意味着 node 对象含有指向 nodeToRemove 对象的边，该方法会获取相匹配的相邻节点的序号值。使用该 index 值可从 node.Neighbors 数据集中删除对应的 nodeToRemove 对象，从而删除对应的边。

该方法在 Java 中的复杂度与 C#中的一致。RemoveNode 操作的复杂度为 $O(n+k)$，其中 n 为图中节点总数，k 为图中边的总数。在 RemoveNode(int value) 方法中，前半部分代码代表了式中的 n，后半部分代码代表了式中的 k。

```
public void AddEdge(GraphNode from, GraphNode to)
{
    from.GetNeighbors().add(to);
}

public void AddBidirectedEdge(GraphNode from, GraphNode to)
{
    from.GetNeighbors().add(to);
    to.GetNeighbors().add(from);
}
```

AddEdge(GraphNode from, GraphNode to) 和 AddBidirectedEdge(GraphNode from, GraphNode to) 方法为 Graph 类提供了添加边的功能。第一个方法是添加边的标准操作，第二个方法能够方便地添加双向引用。第一个方法的复杂度为 $O(1)$，第二个方法在实际应用中的复杂度为 $O(2)$。

```
public boolean Adjacent(GraphNode from, GraphNode to)
{
    return from.GetNeighbors().contains(to);
}
```

Adjacent(GraphNode from, GraphNode to) 方法会返回一个用于表示 from 和 to 两节点之间是否存在边的布尔值。该方法具有方向性，即会判断是否含有从 from 节点指向 to 节点的边，并不会检查从 to 指向 from 的边。由于该方法是基于 contains 函数构建的，因此它的复杂度为 $O(n)$，其中 n 是 from.Neighbors 所含的边的总数。

```
public LinkedList<GraphNode> Neighbors(int value)
{
```

```
        GraphNode node = null;
        for (GraphNode n : _nodes)
        {
            if (n.Value == value)
            {
                return node.GetNeighbors();
            }
        }

        return null;
    }
```

Neighbors(int value)方法为 Graph 类提供了查看相邻节点的功能。该方法的传入参数为名为 value 的 int 类型数据，用于表示调用方需访问的节点。该方法首先会循环访问数据集中的每个节点，查找与 value 相匹配的节点。若没有找到匹配的节点，该方法会返回 null。否则，会调用 GetNeighbors()来返回匹配到节点的 Neighbors 数据集。若事先已知 GraphNode 对象，该操作的代价为 $O(1)$。然而，由于该方法在 Graph 层面对整个 _nodes 数据集进行了查找，以求找到与特定值相匹配的节点，因此该实现的复杂度为 $O(n)$。

```
public int GetCount()
{
    return _nodes.size();
}
```

GetCount()方法通过返回_nodes.size()公开了对数据集中节点总数的只读访问。该方法为 Graph 类提供了计数功能，其复杂度为 $O(1)$。

Objective-C

Objective-C 不直接提供具体的 Graph 类或 GraphNode 类，但提供了构建这些类所必备的基本组件。以下是 Objective-C 中 EDSGraphNode 类的基础实现：

```
@interface EDSGraphNode()
{
    NSInteger _value;
    NSMutableArray *_neighbors;
}
-(instancetype)initGraphNode
{
    if (self = [super init])
    {
```

```
        _neighbors = [NSMutableArray array];
    }
    return self;
}

-(instancetype)initGraphNodeWithValue:(NSInteger)value
{
    if (self = [super init])
    {
        _value = value;
        _neighbors = [NSMutableArray array];
    }
    return self;
}

-(NSMutableArray*)neighbors
{
    return _neighbors;
}

-(NSInteger)value
{
    return _value;
}
```

该类由_value 和_neighbors 这两个实例变量属性构成。_value 属性是一个
NSInteger 对象，用于存储节点中的整型数据；_neighbors 是一个 NSMutableArray 对
象，用于表示该节点到其相邻节点的边。该类具有两个初始化器，它们都会对_neighbors
列表进行实例化。initGraphNode:方法只会对_neighbors 数组进行实例化，而
initGraphNodeWithValue:方法还会将传入的 value 参数赋给节点的_value 属性。

接下来对图的功能进行实现。以下是 Objective-C 中 EDSGraph 类的具体实现：

```
@interface EDSGraph()
{
    NSMutableArray<EDSGraphNode*>* _nodes;
}

-(NSMutableArray<EDSGraphNode*>*)nodes
{
    return _nodes;
}
```

```objc
-(instancetype)initGraphWithNodes:(NSMutableArray<EDSGraphNode *>
*)nodes
{
    if (self = [super init])
    {
        if (nodes)
        {
            _nodes = nodes;
        }
        else
        {
            _nodes = [NSMutableArray array];
        }
    }
    return self;
}
```

这个 EDSGraph 类含有一个实例变量属性，该属性是一个名为_nodes 的 NSMutable
Array <EDSGraphNode*>*数据集，用于维护当前节点指向其相邻节点的边。相应地，
类中还定义了一个 nodes 方法，以公开对私有_nodes 属性的只读访问。最后，初始化器
initGraphWithNodes: (NSMutableArray<EDSGraphNode *> *)nodes 将
EDSGraphnode 数组作为传入参数，若值不为 nil，就将其赋给_nodes，否则，会对
_nodes 数据集进行初始化。

```objc
-(NSInteger)countOfNodes
{
    return [_nodes count];
}
```

countOfNodes 方法通过返回[_nodes count]公开了对数据集中节点总数的只读
访问。该方法为 EDSGraph 类提供了计数功能，其复杂度为 $O(1)$。

```objc
-(void)addNode:(EDSGraphNode*)node
{
    [_nodes addObject:node];
}

-(void)addNodeForValue:(NSInteger)value
{
    EDSGraphNode *node = [[EDSGraphNode alloc]
initGraphNodeWithValue:value];
    [_nodes addObject:node];
}
```

EDSGraph 类中接下来的两个公共方法为 addNode:和 addNodeForValue:,这两个方法为该类实现了添加节点的功能。第一个方法会将某个预先存在的节点添加到 _nodes 数据集中,第二个方法会根据传入的 value 实例化一个新节点,并将该节点添加到 _nodes 数据集中。这两个方法仅用于添加节点,不会向图中添加任何一条边,因此它们的操作代价为 $O(1)$。

```
-(BOOL)removeNodeForValue:(NSInteger)value
{
    EDSGraphNode *nodeToRemove;
    for (EDSGraphNode *n in _nodes)
    {
        if (n.value == value)
        {
            nodeToRemove = n;
            break;
        }
    }
    if (!nodeToRemove)
    {
        return NO;
    }
    [_nodes removeObject:nodeToRemove];
    for (EDSGraphNode *n in _nodes)
    {
        long index = [n.neighbors indexOfObject:nodeToRemove];
        if (index != -1)
        {
            [n.neighbors removeObjectAtIndex:index];
        }
    }
    return YES;
}
```

removeNodeForValue:方法为 EDSGraph 类提供了删除节点的功能。该方法的传入参数为名为 value 的 NSInteger 类型数据,用于表示调用方欲删除的节点。该方法首先会循环访问数据集中的每个节点,查找与 value 相匹配的节点。若没有找到匹配的节点,该方法会返回 NO。否则,会调用 removeObject:从 _nodes 数据集中删除相应的节点,并执行后续代码。

该方法的后半部分将会循环访问数据集中的所有节点,对每个节点的相邻节点进行检查,查找与 nodeToRemove 相匹配的节点。若找到了相匹配的相邻节点,意味着 node

对象含有指向 nodeToRemove 对象的边，方法会获取相匹配的相邻节点的序号。使用该 index 值可从 n.neighbors 数据集中删除对应的 nodeToRemove 对象，从而删除对应的边。

正如之前在图的操作中讨论的那样，RemoveNode 操作的复杂度为 $O(n+k)$，其中 n 为图中节点总数，k 为图中边的总数。在 removeNodeForValue: 方法中，前半部分代码代表了式中的 n，后半部分代码代表了式中的 k。

```
- (void) addEdgeFromNode:(EDSGraphNode*)from toNode:(EDSGraphNode*)to
{
    [from.neighbors addObject:to];
}

- (void) addBidirectionalEdgeFromNode:(EDSGraphNode*)from
toNode:(EDSGraphNode*)to
{
    [from.neighbors addObject:to];
    [to.neighbors addObject:from];
}
```

addEdgeFromNode:toNode: 和 addBidirectionalEdgeFromNode:toNode: 方法为 EDSGraph 类提供了添加边的功能。第一个方法是添加边的标准操作，第二个方法能够方便地添加双向引用。第一个方法的复杂度为 $O(1)$，第二个方法在实际应用中的复杂度为 $O(2)$。

```
- (BOOL) adjacent:(EDSGraphNode*)from toNode:(EDSGraphNode*)to
{
    return [from.neighbors containsObject:to];
}
```

adjacent:toNode: 方法会返回一个用于表示 from 和 to 两节点之间是否存在边的布尔值。该方法具有方向性，即会判断是否含有从 from 节点指向 to 节点的边，并不会检查从 to 指向 from 的边。由于该方法是基于 containsObject: 函数构建的，因此它的复杂度为 $O(n)$，其中 n 是 from.neighbors 所含的边的总数。

```
- (NSMutableArray<EDSGraphNode*>*) neighborsOfValue:(NSInteger)value
{
    for (EDSGraphNode *n in _nodes)
    {
        if (n.value == value)
        {
```

```
            return n.neighbors;
        }
    }
    return nil;
}
```

neighborsOfValue:方法为 EDSGraph 类提供了查看相邻节点的功能。该方法的传入参数为名为 value 的 NSInteger 类型数据，用于表示调用方需访问的节点。该方法首先会循环访问数据集中的每个节点，查找与 value 相匹配的节点。若没有找到匹配的节点，该方法会返回 nil。否则，会返回匹配到节点的 neighbors 数据集。若事先已知 EDSGraphNode 对象，该操作的代价为 $O(1)$。然而，由于该方法在 EDSGraph 层面上对整个 _nodes 数据集进行了查找，以求找到与特定值相匹配的节点，因此该实现的复杂度为 $O(n)$。

Swift

与本书所讨论的其他开发语言相同，Swift 并不直接提供对具体 Graph 类或 GraphNode 类的支持，因此需要自行对其进行构建。这里同样会先从 GraphNode 类开始构建，以下是 Swift 中 GraphNode 类的基础实现：

```swift
public class GraphNode : Equatable
{
    public var neighbors: Array = [GraphNode]()
    public var value : Int
    public init(val: Int) {
        value = val
    }
}

public func == (lhs: GraphNode, rhs: GraphNode) -> Bool {
    return (lhs.value == rhs.value)
}
```

这个类对求等运算进行了扩展，用于支持按值或按对象的查找操作。该类包含了两个公共属性。第一个属性名为 neighbors，是一个由 GraphNode 对象构成的数组，用于表示当前节点指向其相邻节点的边。第二个属性是一个名为 value 的 Int 变量，用于存储当前节点的整型数据。该类还含有一个自定义构造函数，会将传入的 Int 数值赋给 value 变量。最后，该类定义了一个重载后的比较运算符，用于支持求等运算。

接下来对图的功能进行实现。以下是 Swift 中 Graph 类的具体实现：

```
public var nodes: Array = [GraphNode]()

public init(nodes: Array<GraphNode>)
{
    self.nodes = nodes
}
```

这个 Graph 类包含了一个名为 nodes 的公开 Array 属性。该属性用于维护当前节点指向其相邻节点的边。该类还含有一个自定义构造函数，将 Array<GraphNode>类型的对象作为传入参数，若不为 nil，就将其赋给 self.nodes。由于 nodes 对象在声明时就被初始化了，因此不需要在此处专门对其进行初始化操作。

```
public func count() -> Int
{
    return nodes.count
}
```

该类中的第一个方法为 count()，通过返回 nodes.count 公开了对数据集中节点总数的只读访问。该方法为 Graph 类提供了计数功能，其复杂度为 $O(1)$。

```
public func addNode(node: GraphNode)
{
    nodes.append(node)
}

public func addNodeForValue(value: Int)
{
    let node = GraphNode(val: value)
    nodes.append(node);
}
```

Graph 类中接下来的两个公共方法为 AddNode(node:GraphNode) 和 AddNodeForValue(value: Int)，这两个方法为该类实现了添加节点的功能。第一个方法会将某个预先存在的节点添加到 nodes 数据集中，而第二个方法会根据传入的 value 实例化一个新节点，并将该节点添加到 nodes 数据集中。这两个方法仅用于添加节点，不会向图中添加任何一条边，因此它们的操作代价为 $O(1)$。

```
public func removeNodeForValue(value: Int) -> Bool
{
    var nodeToRemove: GraphNode? = nil
```

```
    for n in nodes
    {
        if (n.value == value)
        {
            nodeToRemove = n;
            break
        }
    }

    if (nodeToRemove == nil)
    {
        return false
    }
    if let index = nodes.index(of: nodeToRemove!)
    {
        nodes.remove(at: index)
        for n in nodes
        {
            if let foundIndex = n.neighbors.index(of: nodeToRemove!)
            {
                n.neighbors.remove(at: foundIndex)
            }
        }
        return true
    }
    return false
}
```

removeNodeForValue(value: Int) 方法为 Graph 类提供了删除节点的功能。该方法的传入参数为名为 value 的 Int 类型数据，用于表示调用方欲删除的节点。该方法首先会循环访问数据集中的每个节点，查找与 value 相匹配的节点。若没有找到匹配的节点，该方法会返回 false。否则，会从 nodes 数据集中删除相应的节点，并执行后续代码。

该方法的后半部分将会循环访问数据集中的所有节点，对每个节点的相邻节点进行检查，查找与 nodeToRemove 相匹配的节点。若找到了相匹配的相邻节点，意味着 node 对象含有指向 nodeToRemove 对象的边，方法会获取相匹配的相邻节点的序号值。使用该 index 值可从 node.neighbors 数据集中删除对应的 nodeToRemove 对象，从而去除掉对应的边。

正如之前在图的操作中讨论的那样，RemoveNode 操作的复杂度为 $O(n+k)$，其中 n 为图中节点总数，k 为图中边的总数。在 removeNodeForValue(value: Int) 方法中，前半部分代码代表了式中的 n，后半部分代码代表了式中的 k。

```swift
public func addEdgeFromNodeToNode(from: GraphNode, to: GraphNode)
{
    from.neighbors.append(to)
}

public func addBidirectionalEdge(from: GraphNode, to: GraphNode)
{
    from.neighbors.append(to)
    to.neighbors.append(from)
}
```

addEdgeFromNodeToNode(from:GraphNode,to:GraphNode) 和 addBidirectedEdge (from:GraphNode,to: GraphNode) 方法为 Graph 类提供了添加边的功能。第一个方法是添加边的标准操作，第二个方法能够方便地添加双向引用。第一个方法的复杂度为 $O(1)$，第二个方法在实际应用中的复杂度为 $O(2)$。

```swift
public func adjacent(from: GraphNode, to: GraphNode) -> Bool
{
    if from.neighbors.index(of: to) != nil
    {
        return true
    }
    else
    {
        return false
    }
}
```

adjacent(from: GraphNode, to: GraphNode) 方法会返回一个用于表示 from 和 to 两节点之间是否存在边的布尔值。该方法具有方向性，即会判断是否含有从 from 节点指向 to 节点的边，并不会检查从 to 指向 from 的边。由于该方法是基于 contains 函数构建的，因此它的复杂度为 $O(n)$，其中 n 是 from.neighbors 所含的边的总数。

```swift
public func neighborsOfValue(value: Int) -> Array<GraphNode>?
{
    for n in nodes
    {
        if (n.value == value)
        {
            return n.neighbors
        }
    }
```

```
    return nil
}
```

neighborsOfValue(value: Int) 方法为 Graph 类提供了查看相邻节点的功能。该方法的传入参数为名为 value 的 Int 类型数据，用于表示调用方需访问的节点。该方法首先会循环访问数据集中的每个节点，查找与 value 相匹配的节点。若没有找到匹配的节点，该方法会返回 nil。否则，会返回匹配到节点的 neighbors 数据集。若事先已知 GraphNode 对象，该操作的代价为 $O(1)$。然而，由于该方法在 Graph 层面对整个 nodes 数据集进行了查找，以求找到与特定值相匹配的节点，因此该实现的复杂度为 $O(n)$。

11.5 小结

本章我们学习了图这种数据结构。通过观察一系列图示，我们对图的结构和使用方法有了比较清晰的认识。接下来，我们学习了图的基本操作，并讨论了这些操作的典型复杂度。然后，我们使用本书所讨论的开发语言，从零开始自行构建了简单的图节点对象和图数据结构。

第 12 章
排序：为混乱带来秩序

　　除非待解决问题中的数据集合规模较小，其中任何一个数据集都能从较小的数据组织形态中获益，不然仅为特定应用程序建立正确的数据结构或数据集只能算是我们终极目标的一部分。将数据列表或数据集中的元素按照特定的值或值的集合组织起来的方式称为**排序**（**sorting**）。

　　并不是一定要对数据进行排序，但排序会令搜索或查找操作的效率更高。同样地，当你试图把多个数据集合并在一起的时候，若事先就对这些数据集进行了排序，合并操作的效率就会有极大的提升。

　　若要对纯数值的数据集进行排序，只需将该数据集以升序或降序的方式进行重新组织即可。然而，若要对复杂对象的数据集进行排序，则需要将该数据集按照特定值进行重新组织。在这种情况中，排序操作所参考的字段或属性被称为**键**（**key**）。例如，现有一个由汽车对象组成的数据集，要将该数据集按照不同的汽车生产商进行排序，如福特、雪佛兰、道奇等，则这些汽车生产商就为该排序的键。然而，若需要使用多个键对该数据集排序，如汽车生产商和型号，则令汽车生产商为主键（primary key），而汽车型号为辅键（secondary key）。若将该模式进一步扩展，将会产生三级键（tertiary key）、四级键（quaternary key）等额外键。

　　不同排序算法适用于不同规模或不同类型的排序问题，每种排序算法往往只适用于特定类型的数据结构。尽管对已知或常用的排序算法进行详细分析已超出了本书的范畴，但本章仍会将重点集中在通用的排序算法或适用于之前所学数据结构的排序算法上。在学习每一种排序算法时，我们都将使用本书所讨论的 4 种开发语言进行逐一举例，同时会对每种算法的复杂度进行讨论。

　　本章将涵盖以下主要内容：

- 选择排序（selection sort）；
- 插入排序（insertion sort）；
- 冒泡排序（bubble sort）；

- 快速排序（quick sort）；
- 归并排序（merge sort）；
- 桶排序（bucket sort）；
- 计数排序（counting sort）。

12.1 选择排序

选择排序可描述为一种原地比较算法。该算法会将对象数据集或列表分为两个部分。第一部分是数据集的已排序子集，由已排序的对象组成，该子集的范围从 0 到 i，其中 i 为下一个将被排序的对象。第二部分是数据集的未排序子集，由未排序的对象组成，该集合的范围从 i 到 n，其中 n 为整个数据集的长度。

选择排序的工作机制是将未排序子集中最小值或最大值的序号与该集合顶端对象的序号进行交换，以将这个最小值或最大值置于整个未排序子集的顶端。比如，将一个数据集进行升序排序。开始时 $i=0$，已排序子集为空集，而未排序子集含有数据集中的所有元素。排序算法会在未排序子集中找出其中的最小值，将该值放置于未排序子集的顶端，并令 $i=i+1$。

这时，已排序子集含有一个元素，而未排序子集由原始数据集中剩下的元素组成。算法将会不断重复上述过程，直到 $i=n$ 时，已排序子集完全替代了原始数据集，而未排序子集为空集，完成对整个数据集的排序[①]。

给定一个集合，该集合由下面的数值组成：

$$S=\{50,25,73,21,3\}$$

选择排序算法首先会找出 S 中的最小值，这里为 3，并将这个最小值置于 S 的顶端：

$$S=\{3,25,73,21,50\}$$

然后，在 S 上重复进行该过程，得到 21：

$$S=\{2,21,73,25,50\}$$

在 S 上重复进行该过程，得到 25：

$$S=\{3,21,25,73,50\}$$

最后，在 S 上重复进行该过程，得到 50：

$$S=\{3,21,25,50,73\}$$

这里不需要对数据集的最后一个对象进行比较，是因为经过上述整个过程后，最后剩下的值一定为数据集的最大值。然而，这只能算是一个很小的心理安慰，因为整个选择排

---

① 原书中缺少对 i 的描述，使整个选择排序工作机制的描述不是特别清晰。译者加上了子集边界 i 的变化情况，以便于读者理解。——译者注

序算法的复杂度为 $O(n^2)$。此外，这里的最坏情况复杂度还不能说明全部问题。即便在最好的情况下，选择排序的复杂度也为 $O(n^2)$。因此，选择排序很有可能是你能遇见的最慢且最低效的排序算法。

 本章中的每个代码示例都会对相应算法进行展现，其中会包含一些该算法所必需的方法，而这些方法的父类并不会出现在示例当中。此外，每个示例中待排序的对象数据集将会在类层面进行定义，而这些代码也不会出现在示例当中。同样地，其他对象的实例化过程和这些数据集的赋值过程也不会出现在示例代码中。可在随书附带的资料中查阅完整的示例代码。

C#

```csharp
public void SelectionSort(int[] values)
{
    if (values.Length <= 1)
    return;
    int j, minIndex;
    for (int i = 0; i < values.Length - 1; i++)
    {
        minIndex = i;
        for (j = i + 1; j < values.Length; j++)
        {
            if (values[j] < values[minIndex])
            {
                minIndex = j;
            }
        }
        Swap(ref values[minIndex], ref values[i]);
    }
}

void Swap(ref int x, ref int y)
{
    int t = x;
    x = y;
    y = t;
}
```

每个 SelectionSort 方法的实现都会在开始处检查 values 数组是否至少含有两个

元素。若没有，说明数组内没有足够可进行排序的元素，方法会直接返回该数组。否则，该方法会建立两个互相嵌套的循环。外层的 for 循环会在每次循环结束后将未排序数组的边界序号向下移动一次，而内层的 for 循环会在这个边界所确定的未排序数组中查找其中的最小值。一旦找到了一个最小值，该方法会令序号 *i* 处的元素与当前的最小值交换位置。由于 C#默认不支持通过引用的方式传递原始类型，因此这里必须在 swap(ref int x, ref int y)方法的两个参数上显式地调用 ref 关键词。虽然专门定义一个 swap 方法可能会显得有些多余，但实际中的一些常用排序算法往往都会用到这种对象互换操作，在这里定义一个独立的 swap 方法能够省去后续不少的重复代码。

> ### 循环的嵌套
>
>
>
> 记住，嵌套循环会指数性地增加算法的复杂度。任何一个 for 循环的复杂度都为 $O(n)$，一旦为这个循环再嵌套一层循环的话，整个复杂度会上升至 $O(n^2)$。将这两层循环再次嵌套会令整个复杂度上升至 $O(n^3)$，并以此类推。
>
> 同时还要注意，在一个严谨的代码评审人眼中，任何代码实现中的嵌套 for 循环都是一个危险信号，必须有合理的解释才能使他信服。只有在迫不得已时，才可以使用循环嵌套。

Java

```java
public void selectionSort(int[] values)
{
    if (values.length <= 1)
        return;

    int j, minIndex;
    for (int i = 0; i < values.length - 1; i++)
    {
        minIndex = i;
        for (j = i + 1; j < values.length; j++)
        {
            if (values[j] < values[minIndex])
            {
                minIndex = j;
            }
        }
```

```
        int temp = values[minIndex];
        values[minIndex] = values[i];
        values[i] = temp;
    }
}
```

除了数组的 length 函数名称不同，Java 中的实现几乎与 C#的实现一样。然而，Java
完全不支持通过引用的方式传递原始类型。虽然可以将原始类型传递给一个可变包装类的
实例来模拟这种行为，但大多数的开发人员认为这样做并不明智。因此，在这个 Java 实现
中，我们将对象互换操作直接放置在了 for 循环中进行。

Objective-C

```
-(void)selectionSort:(NSMutableArray<NSNumber*>*)values
{
    if ([values count] <= 1)
        return;
    NSInteger j, minIndex;
    for (int i = 0; i < [values count] - 1; i++)
    {
        minIndex = i;
        for (j = i + 1; j < [values count]; j++)
        {
            if ([values[j] intValue] < [values[minIndex] intValue])
            {
                minIndex = j;
            }
        }
        NSNumber *temp = (NSNumber*)values[minIndex];
        values[minIndex] = values[i];
        values[i] = temp;
    }
}
```

由于 NSArray 只能存储对象，因此只能将数值转换为 NSNumber 类型，当对数组中
的元素进行访问和比较时，必须显式地指明它是 intValue 对象。与 Java 类似，这里不能
创建一个独立的对象互换函数，也不能通过引用的方式传递数值。

Swift

```
open func selectionSort( values: inout [Int])
{
```

```
    if (values.count <= 1)
    {
        return
    }
    var minIndex: Int
    for i in 0..<values.count
    {
        minIndex = i
        for j in i+1..<values.count
        {
            if (values[j] < values[minIndex])
            {
                minIndex = j
            }
        }
        swap(x: &values[minIndex], y: &values[i])
    }
}

open func swap( x: inout Int, y: inout Int)
{
    let t: Int = x
    x = y
    y = t
}
```

  Swift 不允许 C 语言风格的 for 循环,该方法的 Swift 3.0 版本可能会受到一定的限制。并且,由于 Swift 会认为数组是种基于结构体的实现,而不是基于类的实现,导致我们不能通过引用来传递 values 参数。因此,这个 Swift 示例在 values 参数上包含了 inout 装饰器。除这些区别以外,该方法的功能与之前的示例本质上基本相同。该规则也适用于 swap(x: inout Int, y: inout Int)方法,该方法用于在排序中对两个对象进行互换。

12.2　插入排序

  插入排序是种非常简单的排序算法,该算法会访问数据集中的某个对象,并将该对象的键值与它之前对象的键值进行比较。可以把这个过程想象成玩扑克牌时对手牌进行整理的过程,即从左往右升序地一个个移走或插入扑克牌。

  例如,若要将某个数据集按照升序进行排序,插入排序算法会在内层循环中访问位于序号 i 处的对象,并将它的键值与位于 $i-1$ 处对象的键值进行比较,判断前者是否小于后者。

若小于后者，则将对象 i-1 向后移动一个位置，再将对象 i 的键值与位于 i-2 处对象的键值再进行比较。依此进行循环，直到 i-k 处的对象大于对象 i 时（其中 $k \leqslant i$），在序号 i-k 的后一个位置插入对象 i；当 i-k=0 时，即循环到了数据集中的第一个对象时，它仍小于 i 处的对象，则在序号 0 处插入对象 i。完成该内层循环后，将 i 进行自加，继续进行后续的外层循环。

给定一个集合，该集合由下面的数值组成：

$$S=\{50,25,73,21,3\}$$

插入排序算法会从 i=1 开始。这是因为当 i=0 时，i-1 会超出数组的边界。

由于 25 小于 50，因此将 50 后移一个位置，代替原来的 25，并将 25 插入到标号 0 处，完成循环：

$$S=\{25,50,73,21,3\}$$

接下来，当 i=2 时，73 不小于 50，不需要进行任何操作，循环立即结束。当 i=3 时，21 小于 73，因此将 73 后移一位；继续向左比较，21 小于 50，将 50 后移一位；最后，21 小于 25，将 25 后移一位，这时已比较到列表的顶端，因此直接在标号 0 处插入 21，完成循环：

$$S=\{21,25,50,73,3\}$$

最后，当 i=4 时，到达了列表的底端。3 小于 73，将 73 后移一位；继续向左比较，3 小于 50，将 50 后移一位；3 小于 25，将 25 后移一位；最后，3 小于 21，将 21 后移一位，这时已比较到列表的顶端，因此直接在标号 0 处插入 3，完成循环[①]：

$$S=\{3,21,25,50,73\}$$

可以看出，虽然该算法比较简单，但当使用它处理含有较多对象或数值的列表时，其复杂度仍然较高。插入排序的最坏情况复杂度和平均情况复杂度均为 $O(n^2)$。然而，与选择排序不同的是，若待排序的列表已经排过序的话，插入排序的效率会大幅提升，即插入排序的最优情况复杂度为 $O(n)$，使得该算法稍稍优于选择排序。

C#

```
public void InsertionSort(int[] values)
{
  if (values.Length <= 1)
    return;
  int j, value;
  for (int i = 1; i < values.Length; i++)
  {
```

①原书此处讲解有误，我在此做了更正。——译者注

```
    value = values[i];
    j = i - 1;

    while (j >= 0 && values[j] > value)
    {
      values[j + 1] = values[j];
      j = j - 1;
    }
    values[j + 1] = value;
  }
}
```

　　每个 InsertionSort 方法的实现都会在开始处检查 values 数组是否至少含有两个元素。若没有，说明数组内没有足够可进行排序的元素，方法会直接返回。否则，会在方法中声明两个整型变量 j 和 value。然后建立一个 for 循环，对数据集中的元素进行循环访问。序号 i 用来跟踪当前未排序的第一个元素。在 for 循环中，会将这一个未排序的元素赋给 value，而 j 则用来在当前循环中从后往前跟踪已排序的元素。while 循环会不断执行，直到 j 等于 0 或序号 j 处的值大于当前 value 为止。while 中的每次循环都会将 j 处元素后移一位，并将 j 自减 1，以实现从后往前跟踪已排序的元素。最后，将 value 存储的元素赋给 j+1 处的元素。

Java

```java
public void insertionSort(int[] values)
{
    if (values.length <= 1)
        return;
    int j, value;
    for (int i = 1; i < values.length; i++)
    {
        value = values[i];
        j = i - 1;

        while (j >= 0 && values[j] > value)
        {
            values[j + 1] = values[j];
            j = j - 1;
        }
        values[j + 1] = value;
    }
}
```

除了数组的 length 函数名称不同，Java 中的实现几乎与 C#的实现一样。

Objective-C

```
-(void)insertionSort:(NSMutableArray<NSNumber*>*)values
{
    if ([values count] <= 1)
        return;
    NSInteger j, value;
    for (int i = 1; i < [values count]; i++)
    {
        value = [values[i] intValue];
        j = i - 1;
        while (j >= 0 && [values[j] intValue] > value)
        {
            values[j + 1] = values[j];
            j = j - 1;
        }
        values[j + 1] = [NSNumber numberWithInteger:value];
    }
}
```

由于 NSArray 只能存储对象，因此只能将数值转换为 NSNumber 类型，当对数组中的元素进行访问和比较时，必须显式地指明它是 intValue 变量。除此之外，该方法的功能与 C#和 Java 的示例在本质上保持相同。

Swift

```
open func insertionSort( values: inout [Int])
{
    if (values.count <= 1)
    {
        return
    }
    var j, value: Int
    for i in 1..<values.count
    {
        value = values[i];
        j = i - 1;

        while (j >= 0 && values[j] > value)
        {
            values[j + 1] = values[j];
            j = j - 1;
```

```
        }
        values[j + 1] = value;
    }
}
```

Swift 不允许 C 语言风格的 `for` 循环，该方法的 Swift 3.0 版本可能会受到一定的限制。并且，由于 Swift 认为数组是种基于结构体的实现，而不是基于类的实现，导致我们不能通过引用来传递 `values` 参数。因此，这个 Swift 示例在 `values` 参数上包含了 `inout` 装饰器。除这些区别以外，该方法的功能与之前的示例本质上相同。

12.3　冒泡排序

冒泡排序是另外一种简单的排序算法，该算法会逐步访问列表中存储的数值或对象，并比较相邻两个元素的键值，判断它们之间的顺序是否正确。之所以将该算法称为冒泡排序，是因为在整个排序过程中，数据集中被排序的元素就像气泡一样浮起到整个列表的顶端。某些开发人员有时会将该算法称为**沉没排序（sinking sort）**，这是因为也可以将被排序的对象下沉到整个列表的底部。

总体来说，冒泡排序仍旧是一种较为低效的比较排序算法。然而，相较于其他比较排序算法它却存在一个明显的优势，即它的工作机制能够隐含地判断出当前列表是否已经完成排序。对于冒泡排序算法而言，若当前循环中任意相邻两对象之间的次序完全正确，不发生交换，说明列表中的元素已完成了排序，算法可以立即停止。

例如，要将一个数据集进行升序排序。冒泡排序算法会访问位于序号 i 处的对象，并判断该对象的键值是否小于序号 $i+1$ 处对象的键值，若不是，则交换这两个对象的位置。

给定一个集合，具体如下：

$$S=\{50,25,73,21,3\}$$

冒泡排序算法首先会比较 $\{i=0,\ i=1\}$ 这两个元素。由于 50 大于 25，所以将这两个对象的位置进行互换。然后方法会比较 $\{i=1, i=2\}$ 这两个元素，这时，50 小于 73，因此不需要互换它们的位置。在比较 $\{i=2, i=3\}$ 时，73 大于 21，于是互换这两个对象的位置。最后，在比较 $\{i=3, i=4\}$ 时，73 大于 3，将它们的位置互换。在经过本次循环之后，集合如下所示：

$$S=\{25,50,21,3,73\}$$

这时开始第二次循环。在该循环中，算法首先会比较 $\{i=0,\ i=1\}$ 这两个元素，由于 25 小于 50，不需要进行任何操作。接下来比较 $\{i=1, i=2\}$，由于 50 大于 21，交换它们的位置。在比较 $\{i=2, i=3\}$ 时，50 大于 3，于是继续交换它们的位置。由于 $i=4$ 在上个循环中已经排过了序，因此本次循环会在这里停止，并为下次循环将位置重置为 $i=0$。经过第二次循环之后，集合如下所示：

$$S=\{25,21,3,50,73\}$$

以上表明对数据集的每次循环都含有 $n\text{-}j$ 次比较，其中 n 为集合中元素的数量，j 为当前循环的序数。因此，每当完成一次循环，冒泡排序的效率都会得到细微的提升。此外，算法一旦发现集合已完成排序，会停止所有的循环。虽然冒泡排序的最坏情况复杂度和平均复杂度均为 $O(n^2)$，但该算法可将排序操作的运行范围限制在未排序的对象集合之中，使算法的最优情况复杂度为 $O(n)$，令该算法的效率与插入排序相当，略优于选择排序。在某些情况下，若列表已经排过了序，冒泡排序的效率甚至会略高于后面将讨论的**快速排序**。即便如此，冒泡排序仍旧是一种非常低效的排序算法，仅可用于小规模的对象数据集。

C#

```csharp
public void BubbleSort(int[] values)
{
  bool swapped;
  for (int i = 0; i < values.Length - 1; i++)
  {
    swapped = false;
    for (int j = values.Length - 1; j > i; j--)
    {
      if (values[j] < values[j - 1])
      {
        Swap(ref values[j], ref values[j - 1]);
        swapped = true;
      }
    }

    if (swapped == false)
      break;
  }
}
```

每个 BubbleSort 方法的实现都会在开始处声明一个名为 swapped 的布尔值。该布尔值对冒泡排序方法的优化至关重要。冒泡排序方法使用它来追踪对象互换情况，判断当前循环中是否发生了对象互换操作。若为 true，说明当前列表不是完全有序的，至少还要对这个列表再进行一次循环。若为 false，说明本次循环中没有发生对象互换操作，当前列表已完全有序，算法可以立即停止排序。

然后建立一个 for 循环，对数据集中的元素进行循环访问。该循环能够有效地追踪当前的循环次序。在这个循环中，方法先将 swapped 变量置为 false，并进一步创建一个内循环，这个内循环会从相反的方向遍历当前数据集，并将其中的对象进行成对比较。若参与比较的两个对象之间次序颠倒，则 BubbleSort() 方法会调用选择排序示例中讨论过的 swap() 方法，将这两个对象互换，并置 swapped 为 true。否则，会跳出当前内循环，并在 j 上进行下一次内循环。当内循环完成，方法会检查 swapped 变量，确定这些对象是否有序。若为 true，会继续在 i 上执行下一次外循环。否则，方法会立即跳出外循环，结束整个排序。

Java

```java
public void bubbleSort(int[] values)
{
    boolean swapped;
    for (int i = 0; i < values.length - 1; i++)
    {
        swapped = false;
        for (int j = values.length -1; j > i; j--)
        {
            if (values[j] < values[j - 1])
            {
                int temp = values[j];
                values[j] = values[j - 1];
                values[j - 1] = temp;
                swapped = true;
            }
        }

        if (swapped == false)
            break;
    }
}
```

除了数组的 length 函数名称不同，Java 中的实现几乎与 C#的实现一样。然而，Java 完全不支持通过引用的方式传递原始类型。虽然可以将原始类型传递给一个可变包装类的实例来模拟这种行为，但大多数的开发人员认为这样做并不明智。因此，在这个 Java 实现中，我们将对象互换操作直接放置在了 for 循环之内进行。

Objective-C

```objc
-(void)bubbleSortArray:(NSMutableArray<NSNumber*>*)values
{
    bool swapped;
    for (NSInteger i = 0; i < [values count] - 1; i++)
```

```
    {
        swapped = false;
        for (NSInteger j = [values count] - 1; j > i; j--)
        {
            if (values[j] < values[j - 1])
            {
                NSInteger temp = [values[j] intValue];
                values[j] = values[j - 1];
                values[j - 1] = [NSNumber numberWithInteger:temp];
                swapped = true;
            }
        }
        if (swapped == false)
            break;
    }
}
```

　　由于 NSArray 只能存储对象，因此只能将数值转换为 NSNumber 类型，当对数组中的元素进行访问和比较时，必须显式地指明它是 intValue 对象。与 Java 类似，它不能创建一个独立的对象互换函数，也不能通过引用的方式传递数值。

Swift

```
open func bubbleSort( values: inout [Int])
{
    var swapped: Bool
    for i in 0..<values.count - 1
    {
        swapped = false
        for j in ((i + 1)..<values.count).reversed()
        {
            if (values[j] < values[j - 1])
            {
                swap(x: &values[j], y: &values[j - 1])
                swapped = true
            }
        }
        if (swapped == false)
        {
            break
        }
    }
}
```

Swift 不允许 C 语言风格的 for 循环,该方法的 Swift 3.0 版本可能会受到一定的限制。并且,由于 Swift 会认为数组是种基于结构体的实现,而不是基于类的实现,因此我们不能通过引用来传递 values 参数。这个 Swift 示例在 values 参数上包含了 inout 装饰器。除这些区别以外,该方法的功能与之前的示例本质上相同。该规则也适用于 swap(x: inout Int, y: inout Int)方法,该方法用于在排序中对两个对象进行互换。

12.4　快速排序

快速排序是一种基于"**分而治之(divide-and-conquer)**"策略的排序算法。分而治之的策略为递归地将一个对象集合分为两个或两个以上的子集,直到每个子集上的问题规模都变得非常简单,可以直接进行求解为止。在快速排序中,算法会先从数据集中挑出一个元素,该元素被称为**基准(pivot)**,然后将所有小于该基准的元素移动至基准之前,将所有大于该基准的元素移动至基准之后,用这种方式来进行排序。将元素移动至基准之前或之后的操作是整个快速排序算法中的主要组件,称为**分区(partition)**。分区操作会递归地在不断缩小的子集上重复执行,直到每个子集中只含有 0 到 1 个元素,从而完成整个集合的排序。

正确地选择基准点对整个快速排序的性能而言至关重要。具体来说,当选择列表中的最小或最大元素为基准时,快速排序的复杂度为 $O(n)$。虽然目前并不存在能够选出最好基准点的万金油方法,但在设计中还是可以考虑以下 4 种基本的基准点选择方法:

- 总是选择数据集中的第一个对象作为基准;
- 总是选择数据集中的中间对象作为基准;
- 总是选择数据集中的最后一个对象作为基准;
- 从数据集中随机挑选一个对象作为基准。

在下面的示例中,我们将采用上述的第三种方法,选择数据集中的最后一个对象作为基准。

虽然快速排序的最坏情况复杂度与迄今讨论的所有排序方法一样,都为 $O(n^2)$,但快速排序的平均复杂度和最优情况复杂度都较之前的方法有所提升,为 $O(n\log(n))$。

C#

```
public void QuickSort(int[] values, int low, int high)
{
  if (low < high)
  {
    int index = Partition(values, low, high);

    QuickSort(values, low, index -1);
```

```
      QuickSort(values, index +1, high);
    }
}

int Partition(int[] values, int low, int high)
{
  int pivot = values[high];
  int i = (low - 1);
  for (int j = low; j <= high -1; j++)
  {
    if (values[j] <= pivot)
    {
      i++;

      Swap(ref values[i], ref values[j]);
    }
  }
i++;
  Swap(ref values[i], ref values[high]);
  return i;
}
```

每个 QuickSort 方法都会在开始处检查低序号是否小于高序号。若判断结果为 false，说明已完成数据集的排序，方法返回。若判断结果为 true，方法会先调用 Partition(int[] values, int low, int high)方法求出下一次子集分区时的分隔点序号 index。然后，分别在由 index 定义的低子集和高子集上递归地调用 QuickSort(int[] values, int low, int high)。

这个算法的真正魔力体现在 QuickSort(int[] values, int low, int high) 方法。在示例中，该方法为基准定义了一个 index 变量，根据之前所规定的基准选择方法，基准为数据集中的最后一个对象。然后，将 i 定义为 low 序号-1。然后，算法会循环地访问数据集中从 low 到 high-1 的对象。在每次循环中，若 i 处的值小于等于基准，则将 i 自加，会得到数据集中的第一个未排序对象，再将该未排序对象与 j 处小于基准的对象交换位置。

一旦循环结束，会将 i 自加，这是因为 i+1 是数据集中大于基准的第一个对象，而 i+1 之前的所有对象均小于基准。QuickSort 方法会将 i 处的值与 high 处的基准对象进行交换，使基准对象处于正确的位置上。最后，QuickSort 方法会返回 i，为 QuickSort(int[] values, int low, int high)方法提供了下一次子集分区时的分隔点序号。

Java

```java
public void quickSort(int[] values, int low, int high)
{
    if (low < high)
    {
        int index = partition(values, low, high);

        quickSort(values, low, index - 1);
        quickSort(values, index + 1, high);
    }
}

int partition(int[] values, int low, int high)
{
    int pivot = values[high];
    int i = (low - 1);
    for (int j = low; j <= high - 1; j++)
    {
        if (values[j] <= pivot)
        {
            i++;

            int temp = values[i];
            values[i] = values[j];
            values[j] = temp;
        }
    }

    i++;
    int temp = values[i];
    values[i] = values[high];
    values[high] = temp;

    return i;
}
```

除了数组的 `length` 函数名称不同，Java 中的实现几乎与 C#的实现一样。然而，Java 完全不支持通过引用的方式传递原始类型。虽然可以将原始类型传递给一个可变包装类的实例来模拟这种行为，但大多数的开发人员认为这样做并不明智。因此，在这个 Java 实现中，我们将对象互换操作直接放置在了 `for` 循环内进行。

Objective-C

```
-(void)quickSortArray:(NSMutableArray<NSNumber*>*)values
forLowIndex:(NSInteger)low andHighIndex:(NSInteger)high
    {
        if (low < high)
        {
            NSInteger index = [self partitionArray:values forLowIndex:low
andHighIndex:high];
            [self quickSortArray:values forLowIndex:low andHighIndex:index
- 1];
            [self quickSortArray:values forLowIndex:index + 1
andHighIndex:high];
        }
    }

    -(NSInteger)partitionArray:(NSMutableArray<NSNumber*>*)values
forLowIndex:(NSInteger)low andHighIndex:(NSInteger)high
    {
        NSInteger pivot = [values[high] intValue];
        NSInteger i = (low - 1);
        for (NSInteger j = low; j <= high - 1; j++)
        {
            if ([values[j] intValue] <= pivot)
            {
                i++;
                NSInteger temp = [values[i] intValue];
                values[i] = values[j];
                values[j] = [NSNumber numberWithInteger:temp];
            }
        }
        i++;
        NSInteger temp = [values[i] intValue];
        values[i] = values[high];
        values[high] = [NSNumber numberWithInteger:temp];
        return i;
    }
```

由于 NSArray 只能存储对象，因此只能将数值转换为 NSNumber 类型，当对数组中的元素进行访问和比较时，必须显式地指明它是 intValue 对象。与 Java 类似，这里不能创建一个独立的对象互换函数，也不能通过引用的方式传递数值。

Swift

```swift
open func quickSort( values: inout [Int], low: Int, high: Int)
{
    if (low < high)
    {
        let index: Int = partition( values: &values, low: low, high:
high)
        quickSort( values: &values, low: low, high: index - 1)
        quickSort( values: &values, low: index + 1, high: high)
    }
}

func partition( values: inout [Int], low: Int, high: Int) -> Int
{
    let pivot: Int = values[high]
    var i: Int = (low - 1)
    var j: Int = low
    while j <= (high - 1)
    {
        if (values[j] <= pivot)
        {
            i += 1
            swap(x: &values[i], y: &values[j])
        }
        j += 1
    }
    i += 1
    swap(x: &values[i], y: &values[high])
    return i;
}
```

 Swift 不允许 C 语言风格的 `for` 循环, 该方法的 Swift 3.0 版本可能会受到一定的限制。因此, 这里将 `for` 循环替换为了 `while` 循环, 并将 `j` 定义为了 `low` 序号, 会在每次 `while` 循环结束之前显式地将 `j` 自加。此外, 由于 Swift 认为数组是种基于结构体的实现, 而不是基于类的实现, 导致我们不能通过引用来传递 `values` 参数。因此, 这个 Swift 示例在 `values` 参数上包含了 `inout` 装饰器。除这些区别以外, 该方法的功能与之前的示例本质上相同。该规则也适用于 `swap( x: inout Int, y: inout Int)` 方法, 该方法用于在排序中对两个对象进行互换。

12.5　归并排序

归并排序是另一种常用的基于分而治之策略的排序算法，它是一种非常高效的通用排序算法。该算法会将数据集对半分割，并在每个子集上递归地进行排序，最后再将排序好的子集合并起来，也正是因为如此，才将它命名为归并排序。该算法会进一步重复分割这些子集，直到每个子集中只含有一个对象，并根据定义对其进行排序。当在合并这些已排序的子集时，算法会对其中的对象进行比较，来确定它们在合并时的先后顺序。

就基于分而治之策略的排序算法而言，归并排序是目前最高效的算法之一。该算法的最坏情况复杂度、平均复杂度和最优情况复杂度均为 $O(n\log(n))$。其最坏情况复杂度优于快速排序。

C#

```csharp
public void MergeSort(int[] values, int left, int right)
{
  if (left == right)
    return;

  if (left < right)
  {
    int middle = (left + right) / 2;

    MergeSort(values, left, middle);
    MergeSort(values, middle + 1, right);

    int[] temp = new int[values.Length];
    for (int n = left; n <= right; n++)
    {
      temp[n] = values[n];
    }

    int index1 = left;
    int index2 = middle + 1;
    for (int n = left; n <= right; n++)
    {
      if (index1 == middle + 1)
      {
        values[n] = temp[index2++];
      }
```

```
      else if (index2 > right)
      {
        values[n] = temp[index1++];
      }
      else if (temp[index1] < temp[index2])
      {
        values[n] = temp[index1++];
      }
      else
      {
        values[n] = temp[index2++];
      }
    }
  }
}
```

MergeSort 方法的实现都会在开始处定义分别用于指示 values 数组起点和终点的 left 和 right 参数。方法在刚被调用时，left 参数为 0，right 参数为 values 数据集中最后一个对象的序号。

该方法首先会检查 left 序号是否等于 right 序号。若判断结果为 true，说明集合为空或只有一个元素，无法进行子集分割，方法会立即返回。否则，该方法会检查 left 是否小于 right，若判断结果为 false，说明已完成了数据集的排序，方法会立即返回。若判断结果为 true，则该方法进入实质排序阶段。首先，该方法会求出当前集合的中心分割点，该分割点可以将整个集合分割为两个子集。该方法声明了 middle 变量并将该变量赋为 left 和 right 之和的一半。然后，通过传递 left、right 和 middle 这些参数，在两个子集上递归地调用 MergeSort(int[] values, int left, int right)。之后，该方法会创建一个与 values 相同大小的新数组，将其命名为 temp，并只为其中与当前子集相关联的索引进行赋值。在 temp 完成赋值之后，方法会创建两个名为 index1 和 index2 的 int 变量，用于表示当前子集中前后两个部分的起始位置最后，进入 for 循环，该循环会从 left 到 right 循环地访问子集中的所有元素，并将这些元素进行排序。循环体中的每个 if 判断条件解释如下：

- 当左半子集中的值全都被访问过之后第一个判断才为 true，这时会令 values[n] 数组为 temp[index2]。然后，使用算后增量运算符，令 index2 自加 1，使右半子集中的指针向右移动一位；
- 当右半子集中的值全都被访问过之后第二个判断才为 true，这时会令 values[n] 数组为 temp[index1]。然后，使用算后增量运算符，令 index1 自加 1，使左半子集中的指针向右移动一位；

- 当左半子集和右半子集均含有未被排序的值时才会进入第三个和最后一个判断。当
  temp[index1]数组中的值小于 temp[index2]中的值时，判断为 true。然后，
  同样使用算后增量运算符，令 index1 自加 1，使左半子集中的指针向右移动一位；
- 最后，当所有判断的结果都为 false 时，默认分支会假设 temp[index1]中的值
  大于 temp[index2]中的值，因此 else 中的代码会令 values[n]数组为
  temp[index2]。然后，使用算后增量运算符，令 index2 自加 1，使右半子集
  中的指针向右移动一位。

Java

```java
public void mergeSort(int[] values, int left, int right)
{
    if (left == right)
        return;

    if (left < right)
    {
        int middle = (left + right) / 2;

        mergeSort(values, left, middle);
        mergeSort(values, middle + 1, right);
        int[] temp = new int[values.length];
        for (int n = left; n <= right; n++)
        {
            temp[n] = values[n];
        }

        int index1 = left;
        int index2 = middle + 1;
        for (int n = left; n <= right; n++)
        {
            if (index1 == middle + 1)
            {
                values[n] = temp[index2++];
            }
            else if (index2 > right)
            {
                values[n] = temp[index1++];
            }
            else if (temp[index1] < temp[index2])
            {
                values[n] = temp[index1++];
```

```
        }
        else
        {
            values[n] = temp[index2++];
        }
        }
    }
}
```

除了数组的 `length` 函数名称不同之外，Java 中的实现几乎与 C#的实现一样。

Objective-C

```objc
-(void)mergeSort:(NSMutableArray*)values withLeftIndex:(NSInteger)left
andRightIndex:(NSInteger)right
{
    if (left == right)
        return;
    if (left < right)
    {
        NSInteger middle = (left + right) / 2;
        [self mergeSort:values withLeftIndex:left
andRightIndex:middle];
        [self mergeSort:values withLeftIndex:middle + 1
andRightIndex:right];
        NSMutableArray *temp = [NSMutableArray arrayWithArray:values];
        NSInteger index1 = left;
        NSInteger index2 = middle + 1;
        for (NSInteger n = left; n <= right; n++)
        {
            if (index1 == middle + 1)
            {
                values[n] = temp[index2++];
            }
            else if (index2 > right)
            {
                values[n] = temp[index1++];
            }
            else if (temp[index1] < temp[index2])
            {
                values[n] = temp[index1++];
            }
            else
            {
                values[n] = temp[index2++];
```

```
                    }
                }
            }
        }
```

Objective-C 对 `mergeSort:withLeftIndex:andRightIndex:` 的实现与 C#和
Java 的实现本质上相同。

Swift

```swift
open func mergeSort( values: inout [Int], left: Int, right: Int)
{
    if (values.count <= 1)
    {
        return
    }

    if (left == right)
    {
        return
    }
    if (left < right)
    {
        let middle: Int = (left + right) / 2
        mergeSort(values: &values, left: left, right: middle)
        mergeSort(values: &values, left: middle + 1, right: right)
        var temp = values
        var index1: Int = left
        var index2: Int = middle + 1
        for n in left...right
        {
            if (index1 == middle + 1)
            {
                values[n] = temp[index2]
                index2 += 1
            }
            else if (index2 > right)
            {
                values[n] = temp[index1]
                index1 += 1
            }
            else if (temp[index1] < temp[index2])
            {
                values[n] = temp[index1]
                index1 += 1
```

```
        }
        else
        {
            values[n] = temp[index2]
            index2 += 1
        }
    }
  }
}
```

Swift 不允许 C 语言风格的 `for` 循环，该方法的 Swift 3.0 版本可能会受到一定的限制。并且，由于 Swift 认为数组是种基于结构体的实现，而不是基于类的实现，因此我们不能通过引用来传递 `values` 参数。这不太能影响到归并排序的实现，是因为方法在进行递归调用的时候，总是用整个 `values` 数组作为方法的传入参数。然而，为了让该方法与之前讨论的那些算法保持一致性，并且避免进行返回类型的声明，该实现还是在 `values` 参数上包含了 `inout` 装饰器。除这些区别以外，该方法的功能与之前的示例本质上相同。

12.6 桶排序

桶排序或所谓的**箱排序**，是一种分布式排序算法。分布式排序算法会将原数据集分解为某种形式的中间数据结构，再将数据进行排序、组织，最后把它们合并成一个最终的输出数据结构。需要重点注意的是，虽然桶排序被认为是一种分布式排序算法，但大多数对桶排序的实现通常都会通过比较排序的方法来对桶内的元素进行整理。桶排序会将一组值分布到多个数组中，其中每个数组都为一个**桶**。元素根据其数值或数值范围被分布到对应的桶中。举例来说，若某个桶能接受的数值范围为 5～10，而原集合由 3、5、7、9、11 这些数值组成，则只有 5、7、9 可被放入上面假设的桶中。

一旦所有的元素都被分布到了其对应的桶内，每个桶还会递归地对自身调用桶排序以将其中的元素进行排序。最终，当桶中的元素都完成了排序之后，再将这些排序结果合并到完整的数据集中。

我们通常会使用数组来表示每个桶，而用原数据集中的值表示桶中的索引，这种分配方式使桶排序比其他排序算法更快。虽然该算法的最坏情况复杂度仍为 $O(n^2)$，但最优情况的平均复杂度会减少至 $O(n+k)$，其中 n 为原数组中的元素总数，k 为排序时用到的桶的总数。

C#

```
public void BucketSort(int[] values, int maxVal)
{
  int[] bucket = new int[maxVal + 1];
```

```
int num = values.Length;
int bucketNum = bucket.Length;

for (int i = 0; i < bucketNum; i++)
{
  bucket[i] = 0;
}

for (int i = 0; i < num; i++)
{
  bucket[values[i]]++;
}

int pos = 0;
for (int i = 0; i < bucketNum; i++)
{
  for (int j = 0; j < bucket[i]; j++)
  {
    values[pos++] = i;
  }
}
}
```

BucketSort 方法的实现都会在开始处根据 values 数组中的元素数量创建空桶。然后，使用 for 循环赋给这些空桶基准值 0。第二个 for 循环会立即将 values 数组中的元素分配给这些桶。最后，使用嵌套的 for 循环将桶中的元素轮流放进 values 数组以实现对这些元素的排序。

Java

```java
public void BucketSort(int[] values, int maxVal)
{
    int[] bucket = new int[maxVal + 1];
    int num = values.length;
    int bucketNum = bucket.length;

    for (int i = 0; i < bucketNum; i++)
    {
        bucket[i] = 0;
    }
    for (int i = 0; i < num; i++)
    {
        bucket[values[i]]++;
    }
```

```
    int pos = 0;
    for (int i = 0; i < bucketNum; i++)
    {
        for (int j = 0; j < bucket[i]; j++)
        {
            values[pos++] = i;
        }
    }
}
```

除了数组的 `length` 函数名称不同以外，Java 中的实现几乎与 C#中的实现一样。

Objective-C

```
-(void)bucketSortArray:(NSMutableArray<NSNumber*>*)values
withMaxValue:(NSInteger)maxValue
{
    NSMutableArray<NSNumber*>*bucket = [NSMutableArray array];
    NSInteger num = [values count];
    NSInteger bucketNum = maxValue + 1;
    for (int i = 0; i < bucketNum; i++)
    {
        [bucket insertObject:[NSNumber numberWithInteger:0] atIndex:i];
    }
    for (int i = 0; i < num; i++)
    {
        NSInteger value=[bucket[[values[i] intValue]] intValue]+ 1;
        bucket[[values[i] intValue]] = [NSNumber
numberWithInteger:value];
    }
    int pos = 0;
    for (int i = 0; i < bucketNum; i++)
    {
        for (int j = 0; j < [bucket[i] intValue]; j++)
        {
            values[pos++] = [NSNumber numberWithInteger:i];
        }
    }
}
```

由于 NSArray 只能存储对象，因此只能将数值转换为 NSNumber 类型。当对数组中的元素进行访问和比较时，必须显式地指明它是 intValue 对象。与 Java 类似，这里不能创建一个独立的对象互换函数，也不能通过引用的方式传递数值。

Swift

```swift
open func bucketSort( values: inout [Int], maxVal: Int)
{
    var bucket = [Int]()
    let num: Int = values.count
    let bucketNum: Int = bucket.count
    for i in 0..<bucketNum
    {
        bucket[i] = 0
    }
    for i in 0..<num
    {
        bucket[values[i]] += 1
    }
    var pos: Int = 0
    for i in 0..<bucketNum
    {
        for _ in 0..<bucket[i]
        {
            values[pos] = i
            pos += 1
        }
    }
}
```

Swift 不允许 C 语言风格的 for 循环，该方法的 Swift 3.0 版本可能会受到一定的限制。除这些区别以外，该方法的功能与之前的示例本质上相同。

12.7 小结

本章，我们讨论了多种日常开发中常见的排序算法。我们首先学习了一些基于比较的排序算法，包括选择排序、插入排序和冒泡排序。我们发现选择排序或许是实际中遇到的最低效的排序算法，而插入排序和冒泡排序的性能略有提升。然后，我们研究了两种基于分而治之策略的排序算法，包括快速排序和归并排序。这两种排序算法相较于之前的算法在效率上有了很大的提高。最后，我们还学习了一种通用的高效分布式排序算法——计数排序。计数排序是我们学到的最高效的排序算法，但这种算法不一定能够良好地适用于所有情况。

第 13 章
查找：找你所需

对数据集进行排序的代价有时会比较高，但这种代价常常是一次性的，一旦建立起了已排序的数据集，程序在运行周期内的性能可以得到极大的提高。由于目标数据集是有序的，因此甚至还会提高向该数据集中添加对象操作的性能。

当需要在数据集中查找特定的元素或数值时，排序操作带来的性能提升才会真正地显现出来。本章我们将学习如何在数据集中进行查找操作，并了解在已排序的数据集中使用不同的查找算法会带来多大的性能收益。这里不会涉及所有可用的查找算法，仅对以下这3 种最常用的查找算法进行讨论：

- 线性查找（linear search），又名顺序查找（sequential search）；
- 二分查找（binary search）；
- 跳跃查找（jump search）。

13.1 线性查找

线性查找也被称为**顺序查找**，它简单地循环访问数据集中的元素，通过某种比较函数来定位数据集中与条件相匹配的元素或数值。大多数线性查找算法都会返回一个数值，该数值用于表示匹配出的对象在数据集中的位置。当未找到匹配对象时，该数值可为某个不为数据集索引的值，如-1。另一种方案是直接返回匹配出的对象，若未找到匹配的对象，会返回 null。

这是最简单的一种查找模式，其复杂度为 $O(n)$。无论被查找的数据集有序与否，它的复杂度都不变。对于规模很小的数据集而言，这种查找方式不会带来任何问题，也被许多开发人员用在日常编程之中。然而，当数据集的规模很大时，使用别的查找方法会比顺序查找的效果更好。尤其是当被查找的数据集是由非常复杂的对象构成时，线性查找方法对该数据集的查找和分析操作会变得异常艰难。

本章中的每个代码示例都会对相应算法进行展现，其中会包含一些该算法所必需的方法，而这些方法的父类并不会出现在示例当中。此外，每个示例中查找的目标数据集将会在类层面进行定义，而这些代码也不会出现在示例当中。同样地，其他对象的实例化过程和这些数据集的赋值过程也不会出现在示例代码中。读者可在随书附带的资料中查阅完整的示例代码。

C#

LinearSearchIndex(int[] values, int key) 方法展示了线性查找算法的第一个示例。可以看出，该方法非常简单，其处理过程几乎不言自明。这个实现有两个主要的特征值得一提。第一，该方法的传入参数为数组 values 和键值 key。第二，该方法会返回匹配到的元素索引 i，若没有找到匹配的元素，则会返回-1。

```
public int LinearSearchIndex(int[] values, int key)
{
    for (int i = 0; i < values.Length - 1; i++)
    {
        if (values[i] == key)
        {
            return i;
        }
    }

    return -1;
}
```

第二个示例几乎与第一个相同。区别是，LinearSearchCustomer(Customer[] customers, int custId) 方法不搜索数值，而是会对用户期望调用方接收的键进行搜索。需要注意的是，当前的查找会对 Customer 对象的 customerId 字段进行比较。若找到了相匹配的对象，方法会返回 customers[i] 处的 Customer；若没有找到匹配的对象，则会返回 null。

```
public Customer LinearSearchCustomer(Customer[] customers, int custId)
{
    for (int i = 0; i < customers.Length - 1; i++)
    {
        if (customers[i].customerId == custId)
```

```
        {
            return customers[i];
        }
    }

    return null;
}
```

Java

除了数组的 `length` 函数名称不同以外，Java 中的实现几乎与 C#的实现一样。

```java
public int linearSearchIndex(int[] values, int key)
{
    for (int i = 0; i < values.length - 1; i++)
    {
        if (values[i] == key)
        {
            return i;
        }
    }

    return -1;
}

public Customer linearSearchCustomer(Customer[] customers, int custId)
{
    for (int i = 0; i < customers.length - 1; i++)
    {
        if (customers[i].customerId == custId)
        {
            return customers[i];
        }
    }

    return null;
}
```

Objective-C

由于 `NSArray` 只能存储对象，因此只能将数值转换为 `NSNumber` 类型，当对数组中的元素进行访问和比较时，必须显式地指明它是 `intValue` 变量。除此之外，该方法的实现与 C#和 Java 的示例本质上相同。

```objc
-(NSInteger)linearSearchArray:(NSMutableArray<NSNumber*>*)values
byKey:(NSInteger) key
{
    for (int i = 0; i < [values count] - 1; i++)
    {
        if ([values[i] intValue] == key)
        {
            return i;
        }
    }
    return -1;
}


-
(EDSCustomer*)linearSearchCustomers:(NSMutableArray<NSNumber*>*)customers
byCustId:(NSInteger)custId
{
    for (EDSCustomer *c in customers)
    {
        if (c.customerId == custId)
        {
            return c;
        }
    }
    return nil;
}
```

Swift

Swift 不允许 C 语言风格的 for 循环，该方法的 Swift 3.0 版本可能会受到一定的限制。并且，除非方法显式地声明了返回类型，否则 Swift 不允许直接返回 nil。因此 linearSearchCustomer(customers: [Customer], custId: Int) 方法定义了返回类型为 Customer?。除这些区别以外，Swift 中该方法的实现与之前的示例本质上相同。

```swift
open func linearSearhIndex( values: [Int], key: Int) -> Int
{
    for i in 0..<values.count
    {
        if (values[i] == key)
        {
            return i
        }
    }

    return -1
```

```
    }

    open func linearSearchCustomer( customers: [Customer], custId: Int) ->
Customer?
{
    for i in 0..<customers.count
    {
        if (customers[i].custId == custId)
        {
            return customers[i]
        }
    }
    return nil
}
```

13.2 二分查找

在对未排序数据集进行查找操作时，顺序查找也许是最合理的一种方案。然而，当在对某个已排序数据集进行查找操作时，使用其他查找方案进行搜索效果往往会更好。其中一种方案为二分查找。二分查找通常会被实现为一个递归函数，该函数会重复地对半分割数据集，并在不断缩小的数据集上进行查找操作，直到找到与搜索条件匹配的元素，或是穷尽被分割数据集中的所有元素也找不到相匹配的值。

例如，给定一个集合，该集合由下面的数值组成：

$$S=\{8,19,23,50,75,103,121,143,201\}$$

想要从上述集合中找到 143，由于该数值在集合中的序号为 7（第 8 个元素），使用线性查找的操作代价为 $O(8)$。然而，二分查找可以利用数据集的有序性来提高它本身的执行效率。

已知上述数据集由 9 个元素构成，因此二分查找会从数据集中的第 5 个元素开始，将它与键值 143 进行比较。由于 $i[5]=75$，小于 143，因此可将集合以中间元素进行分割，只有在集合的上半子集中才有可能找到潜在的匹配元素。缩小查找的规模后，被查找的数据集变为：

$$S=\{103,121,143,201\}$$

上述数据集的元素缩减至 4 个，其中间元素为 $i[2]=121$，小于 143。因此再次将集合以中间元素进行分割，只有在上半子集中才有可能找到潜在的匹配元素，被查找的数据集缩小为：

$$S=\{143,201\}$$

只有两元素时中间元素变为 $i[1]=143$，找到了匹配的元素，可将该值返回。这次查找操作的复杂度仅为 $O(3)$，相较于线性查找提高了 67%。尽管个别结果可能存在不同，但对于已排序的数据集而言，二分查找模式的效率始终高于线性查找。这充分地说明了在应用程序开始使用数据之前，最好对它们进行排序。

C#

BinarySort(int[] values, int left, int right, int key)方法在开始处会检查 right 索引是否大于 left 索引。若判断结果为 false，说明在规定的范围内不含有元素，已穷尽了所有子集，因此方法返回-1。否则，方法会继续执行后续代码，定义的范围内至少会含有一个对象。

然后，该方法会检查 middle 处的数值是否与 key 相匹配。若判断结果为 true，将会返回该 middle 索引。否则，方法会继续检查 middle 处的数值是否大于 key。若判断结果为 true，方法会选定当前元素范围的下半部作为新的边界，并在该边界规定的范围上迭代地调用 BinarySort(int[] values, int left, int right, int key)。否则，middle 处的值小于 key，该方法会选定当前元素范围的上半部作为新的边界，并在该边界规定的范围上迭代地调用 BinarySort(int[] values, int left, int right, int key)。

```csharp
public int BinarySearch(int[] values, int left, int right, int key)
{
    if (right >= left)
    {
        int middle = left + (right - left) / 2;

        if (values[middle] == key)
        {
            return middle;
        }
        else if (values[middle] > key)
        {
            return BinarySearch(values, left, middle - 1, key);
        }

        return BinarySearch(values, middle + 1, right, key);
    }

    return -1;
}
```

Java

除了 `binarySearch(int[] values, int left, int right, int key)` 方法的名称不同外，Java 中的实现几乎与 C#的实现一样。

```java
public int binarySearch(int[] values, int left, int right, int key)
{
    if (right >= left)
    {
        int mid = left + (right - left) / 2;

        if (values[mid] == key)
        {
            return mid;
        }
        else if (values[mid] > key)
        {
            return binarySearch(values, left, mid - 1, key);
        }
        return binarySearch(values, mid + 1, right, key);
    }

    return -1;
}
```

Objective-C

由于 `NSArray` 只能存储对象，因此只能将数值转换为 `NSNumber` 类型。当对数组中的元素进行访问和比较时，必须显式地指明它是 `intValue` 变量。除此之外，该方法的实现与 C#和 Java 的示例本质上相同。

```objc
-(NSInteger)binarySearchArray:(NSMutableArray<NSNumber*>*)values
withLeftIndex:(NSInteger)left
rightIndex:(NSInteger)right
andKey:(NSInteger)key
{
    if (right >= left)
    {
        NSInteger mid = left + (right - left) / 2;
        if ([values[mid] intValue] == key)
        {
            return mid;
```

```
        }
        else if ([values[mid] intValue] > key)
        {
            return [self binarySearchArray:values withLeftIndex:left
rightIndex:mid - 1 andKey:key];
        }
        return [self binarySearchArray:values withLeftIndex:mid + 1
rightIndex:right andKey:key];
    }
    return -1;
}
```

Swift

Swift 中该方法的实现与之前的示例本质上相同。

```
    open func binarySearch( values: [Int], left: Int, right: Int, key: Int)
-> Int
{
    if (right >= left)
    {
        let mid: Int = left + (right - left) / 2

        if (values[mid] == key)
        {
            return mid
        }
        else if (values[mid] > key)
        {
            return binarySearch(values: values, left: left, right: mid
- 1, key: key)
        }

        return binarySearch(values: values, left: mid + 1, right:
right, key: key)
    }

    return -1
    }
```

13.3 跳跃查找

另一种能在已排序数值上提高性能的查找算法为**跳跃查找**。跳跃查找与线性查找、二分查找有一些相似之处。该算法会从数据集的第一个元素块开始，从左往右"跳跃"地搜索每一个元素块，并在每一次"跳跃"中将当前元素块中的元素和输入键值进行对比。若发现当前元素的子集中可能存在与键值相匹配的元素时，会在执行的下一步检查当前子集中的每个元素，判断它们是否小于该键值。

当找到了不小于该键值的元素时，会再次将这个元素与键值进行比较，若两者相等，立即进行返回；若这个元素大于键值，说明数据集中不存在与该键值相匹配的对象。

跳跃距离 m 不为任意值，而是根据数据集的长度由公式 $m=\sqrt{n}$ 计算出的，其中 n 为数据集中的元素总数。跳跃查找在开始时会先检查第一个元素块或子集中的最后一个对象。

例如，给定一个集合，该集合由下面的数值组成，从该集合中找出 143：

$$S=\{8,19,23,50,75,103,121,143,201\}$$

由于该集合含有 9 个元素，因此根据 $m=\sqrt{n}$ 可得 $m=3$。由于 $i[2]=23$，小于 143，算法会跳跃至下一个元素块。然后，$i[5]=103$，同样小于 143，继续跳跃至下一个元素块。最后，$i[8]=201$，由于 201 大于 143，因此匹配的值有可能存在于第三个子集中。

$$S_3=\{121,143,201\}$$

接下来，算法会对这个子集中的所有元素进行检查，判断它们是否小于 143。$i[6]=121$，算法继续进行检查。同样的，由于 $i[7]=143$ 不小于 143，因此继续执行到最后一个元素。最后，$i[8]=201>143$ 且 $i[7]=143$，找到了匹配值，可将当前的 i 返回。这次查找操作的复杂度为 $O(5)$，比线性查找的 $O(8)$ 稍好，比二分查找的 $O(3)$ 稍差。然而，对于大规模的已排序数据集而言，跳跃查找模式的效率始终高于线性查找。

同样的，虽然对数据集进行排序确实会使程序在开始时耗费一些时间。但长远来看，排好序的数据集可以极大地增强程序在运行周期内的性能。

C#

JumpSearch[1]方法的实现都会在开始处声明 3 个 int 变量，用来对数据集的大小、跳跃的长度和前一次访问的索引进行跟踪。然后，在 while 循环中使用 prev 和 step 两个变量定义了子集的范围，并对可能存在 key 的子集进行了搜索。若没有找到合适的子集，方法会返回-1，表示当前集合中不存在与 key 匹配的元素。否则，会用 prev 和 step 来确定包含与 key 相匹配的元素的子集。

接下来的 while 循环会对该子集中的元素进行逐一比较，判断它们的值是否小于 key。若没有找到合适的元素，方法会返回-1，表示当前集合中不存在与 key 匹配的元素。否则，会用 prev 的值来确定子集中与 key 相匹配的元素。

---

[1] 原书此处误写为 BubbleSort。——译者注

最后，令 prev 的值与 key 进行比较。若两者相等，方法会返回 prev。否则，方法会返回-1。

```
public int JumpSearch(int[] values, int key)
{
    int n = values.Length;
    int step = (int)Math.Sqrt(n);
    int prev = 0;

    while (values[Math.Min(step, n) - 1] < key)
    {
        prev = step;
        step += (int)Math.Floor(Math.Sqrt(n));
        if (prev >= n)
        {
            return -1;
        }
    }

    while (values[prev] < key)
    {
        prev++;
        if (prev == Math.Min(step, n))
        {
            return -1;
        }
    }

    if (values[prev] == key)
    {
        return prev;
    }

    return -1;
}
```

Java

除了数组的 length 函数名称不同之外，Java 中的实现几乎与 C#的实现一样。

```
public int jumpSearch(int[] values, int key)
{
    int n = values.length;
```

```
    int step = (int)Math.sqrt(n);
    int prev = 0;

    while (values[Math.min(step, n) - 1] < key)
    {
        prev = step;
        step += (int)Math.floor(Math.sqrt(n));
        if (prev >= n)
        {
            return -1;
        }
    }

    while (values[prev] < key)
    {
        prev++;
        if (prev == Math.min(step, n))
        {
            return -1;
        }
    }

    if (values[prev] == key)
    {
        return prev;
    }

    return -1;
}
```

Objective-C

由于 `NSArray` 只能存储对象，因此只能将数值转换为 `NSNumber` 类型，当对数组中的元素进行访问和比较时，必须显式地指明它是 `intValue` 变量。除此之外，该方法的实现与 C# 和 Java 的示例本质上相同。

```
-(NSInteger)jumpSearchArray:(NSMutableArray<NSNumber*>*)values forKey:
(NSInteger)key
{
    NSInteger n = [values count];
    NSInteger step = sqrt(n);
    NSInteger prev = 0;
    while ([values[(int)fmin(step, n)-1] intValue] < key)
```

```
    {
        prev = step;
        step += floor(sqrt(n));
        if (prev >= n)
        {
            return -1;
        }
    }
    while ([values[prev] intValue] < key)
    {
        prev++;
        if (prev == fmin(step, n))
        {
            return -1;
        }
    }
    if ([values[prev] intValue] == key)
    {
        return prev;
    }
    return -1;
}
```

Swift

除了数值计算和转换所用到的 `sqrt()` 和 `floor()` 方法有所区别之外，Swift 中该方法的实现与之前的示例本质上相同。

```
open func jumpSearch( values: [Int], key: Int) -> Int
{
    let n: Int = values.count
    var step: Int = Int(sqrt(Double(n)))
    var prev: Int = 0
    while values[min(step, n) - 1] < key
    {
        prev = step
        step = step + Int(floor(sqrt(Double(n))))
        if (prev >= n)
        {
            return -1
        }
    }
    while (values[prev] < key)
```

```
{
    prev = prev + 1
    if (prev == min(step, n))
    {
        return -1
    }
}
if (values[prev] == key)
{
    return prev
}
return -1
}
```

13.4 小结

本章，我们学习了几种查找算法。首先，我们了解了线性查找（顺序查找）。线性查找甚至称不上为一种算法，因为它仅仅是简单地从左至右循环访问数据集中的元素，直到找到相匹配的对象。该方法在处理非常小规模的数据集或未排序的数据集时有用。从程序开发的角度来看，如果没有其他原因的话，这个方法是最易于实现的方案。然而，对于大规模的已排序数据集而言，有其他更为适合的查找方法。

然后，我们学习了二分查找方法。二分查找算法本质上是一种分而治之策略的算法，会将原数据集不断分割成越来越小的子集，直到在这些子集中找到了相匹配的元素，或是穷尽了整个数据集。相较于线性查找的复杂度 $O(n)$，二分查找的效率会大大提高，其复杂度为 $O(n\log(n))$。然而，二分查找要求原数据集必须是排序好的，不然得到的结果会毫无意义。

最后，我们学习了跳跃查找。跳跃查找会以 $\sqrt{n}$ 的长度顺序地检查原数据集的子集，其中 n 为原数据集中元素的总数。虽然该算法的实现较为复杂，最坏情况复杂度为 $O(n)$，但该算法的平均复杂度仅为 $O(\sqrt{n})$，相较于线性查找有了极大提高。